李海静 ◎著

U0754317

# 做自己的疗愈师

台海出版社

**图书在版编目 (CIP) 数据**

做自己的疗愈师 / 李海静著 . -- 北京 : 台海出版
社 , 2025. 4. -- ISBN 978-7-5168-4188-4

Ⅰ . B84-49

中国国家版本馆 CIP 数据核字第 202537XE78 号

# 做自己的疗愈师

| | | | |
|---|---|---|---|
| 著　　者：李海静 | | | |
| 责任编辑：魏　敏 | | 封面设计：尚世视觉 | |

出版发行：台海出版社

地　　址：北京市东城区景山东街 20 号　　邮政编码：100009

电　　话：010-64041652（发行，邮购）

传　　真：010-84045799（总编室）

网　　址：www.taimeng.org.cn/thcbs/default.htm

E - mail：thcbs@126.com

经　　销：全国各地新华书店

印　　刷：三河市越阳印务有限公司

本书如有破损、缺页、装订错误，请与本社联系调换

开　　本：710 毫米 × 1000 毫米　　　1/16

字　　数：100 千字　　　　　　　　印　张：8

版　　次：2025 年 4 月第 1 版　　　印　次：2025 年 6 月第 1 次印刷

书　　号：ISBN 978-7-5168-4188-4

定　　价：59.80 元

# 前 言
## PREFACE

心有所愈，光华自生。即使生活充满坎坷，我们依然有着治愈自己内心的力量。只需打开心扉，去迎接并释放内心深处汹涌的爱和光明，倾听我们内心最真实的声音，让心灵之花在静谧中绽放。

心有多静，福有多深。静心，可以帮我们真正地慢下来，洗去内心的浮躁和不安，过上富足、喜悦的日子。放慢脚步，多欣赏一些沿途的风景，让自己的心真正慢下来，去享受做每件事的时间，让自己由内而外地慢下来，让内心回归平和、安宁。

静下心来，把握当下。我们要全身心地投入当下这一刻，摒弃对过去的懊悔和对未来的焦虑担忧，充分感受和利用当下所拥有的一切。"有花堪折直须折，莫待无花空折枝。"不要担心失败，也不要担心困难，只管努力地向前，时间的长河自会把我们塑造成更优秀的样子。

人生就是一场修行，修行贵在修心。心不动，万物皆不动；心不变，万物皆不变。修行就是修心，修一颗感恩的心。"投我以木瓜，报之以琼琚。"修心当以感恩之心，感恩所有的遇见，不论好的，还是坏的。好的给我们送来了温暖和美好，坏的给我们带来了经验和教训。

修心，当修一颗欢喜之心。永远保持对生活的好奇心与热爱，即使是最平凡的日子也隐藏着无数美好，用心去发现并珍藏这些瞬间，它们就是治愈生活创伤的最有效的良药。只有拥有欢喜之心，我们才能更好地感受身边的"小确幸"。

养心，养一颗素心。"我心素已闲，清川澹如此。"素心，可以让我们淡泊名利，保持平和、深远的心境。在自然四季更迭、花开花落的过程中，我们可以欣赏到由素心带来的美丽景色。在天空云彩的变幻中，我们也可以感悟到素心对我们的人生的影响。

养心，那就让万事随缘，顺遂自然。人生有所求，求而得之，我之所喜；求而不得，我亦无忧。凡事不妄求于前，不追念于后，从容平淡，自然达观，随心、随情、随理，便识得有事随缘皆有禅味。

本书从静心、修心、养心三个方面详细讲述了如何滋养我们的心田，让我们的内心重获自由和安宁。本书语言清新自然，结构颇具匠心，选取的故事富有哲理、发人深省，读起来给人温暖和力量。

心灵疗愈是通向内心安定和自我成长的重要途径。尽管疗愈的过程充满艰难曲折，但只要我们坚持下去，每个人都可以在这一场漫长的旅途中找到真正的自己。

# 目 录
## CONTENTS

静心篇

## 修心篇

## 养心篇

# 静心篇

# 第一章

# 放慢脚步，时光缓缓岁月静好

## 慢下来，让灵魂跟上你的脚步

世间美好的东西实在太多，我们总是希望自己能够尽可能地拥有更多的东西，于是习惯了不断努力、不断向前，汲汲营营地追求着，结果内心越来越烦躁不安。

为金钱，为名誉，为理想，我们一刻不敢停歇地忙碌、奔波，甚至忙碌到毫无时间享受生活。慢慢我们就会发现，生命就这样在不断地忙碌和追赶中流走了。

有一天，一个年轻人来到禅院向禅师请教，他说自己一直以来都非常刻苦，一刻不敢放松，但总不见成效，为此苦恼不已。

听见此话，禅师来到一把古琴前面，为年轻人弹奏了一曲美妙的音乐。弹完之后，他让年轻人过来看一看琴，并问："琴的弦拉满了吗?"年轻人说:"没有。"

禅师又问:"那它放松了吗?"年轻人回答:"也没有。"

"那我到底是怎么调它的?""不松不紧!"

禅师对年轻人说:"其实,人生就如弹琴一样。只有在琴弦不松不紧的时候,才能弹奏出美妙的生命之声来。"

年轻人顿悟,此后,再也不见那个整日只知忙碌的他了。

有时候越向前、越努力,反而越空虚。这时,我们不妨放慢一点前行的速度,让我们的灵魂得以跟上我们的脚步。

慢下来,并不是狭义上的降低行动的速度,也不是拖延和懒散,而是让心态放慢。慢下来,这个世界上无数的唯美景色,才会为我们缓缓拉开帷幕,我们的心才得以从躁动中平静下来。而只有平静下来的心,才能够更好地体悟世界,更能在平凡的日子里,感受到生活中的细枝末节,以及生命的美好。

水太满会溢出来,弓太开会被折断,赶路太匆忙,步调就会紊乱。凡事太过急躁冒进,生活就会有失踏实。我们需要真正静下心来,看清楚自己的内心真正想要追求的是什么再出发。

给心灵一点时间吧,它所需要的并不多。只要你慢一点走,你的世界就会变得丰富且生动起来,包括你的身体、你的心灵和你的思想。

很多事情,慢一点,就会有更加清晰的答案。

# 阳台落日观赏计划，每天5分钟治愈时刻

我们总是梦想着去远方旅行，去看雪、看海、看沙漠、看日出和日落……总之，我们无限憧憬着自己能够看遍世界的美景，可是这个"世界"却往往不包括我们生活的周边。

有一个年轻人，他总是坐在自家门前叹气，为自己没有看过世界的美景而遗憾。一天，有一个老和尚云游至此。年轻人见到老和尚后，问他："您是不是走过了很多地方，见过了很多美景？"老和尚说："是啊。"

年轻人羡慕地请求他："我真羡慕您啊，您能不能在明天路过此地时给我带一幅画来？就画您见过的一处景色。"老和尚答应了下来。

第二天，老和尚果然拿了一幅画过来，上面有一条小路、一条小河，意境极美。年轻人看呆了，连连赞叹，忙问老和尚："这是在哪里看见的景色？真美，就是觉得有些熟悉。"老和尚让年轻人抬头看，年轻人照做。他发现自己家对面有一条小河，河边有条小路，赫然便是那画上的景色。

我们总是对远方的景色有无限的向往，总是认为未接触过的风景里

藏着隐秘的惊喜，这是因为未知给它们镀上了一层浪漫而神秘的色彩，而我们总是容易被这样的神秘牵引，陷入"美好"的幻想中不可自拔。

事实上，当我们真正走近远方时，就会发现，距离的远近并不代表景色的好坏。有时候，真正的美景并不在别处，而就在我们身边。我们身边的每一处都有隐藏的美好，只要我们愿意用心去发现。

从树叶的缝隙里投下的一缕阳光，很美；被夕阳染色的云彩，很美；被风吹起的、在空中飞舞的叶子，也很美。生活中的一些小美好，正在井然有序地发生着，只是我们对身边风景的习以为常和不在意，让我们忽略了身边的美好。

所以，要看美景，无须远行，找一个闲暇的午后或黄昏，走到阳台就能实现。

走向阳台，你可以做自然的观察者。抬头望向天空，看晨曦初露，天边渐渐泛起温柔的蓝紫色，然后第一缕阳光穿透薄雾，轻轻拂过沉睡的大地。看夕阳西下，晚霞染红天空，白云被夕阳镀上了一层金色，壮美之极。

走向阳台，你也可以做城市的见证者。远远望去，城市的轮廓在日升月落中不断变化，车水马龙、霓虹闪烁，展现着不同的魅力。

当你感觉累了、乏了，想要逃离时，不妨先走到阳台，看看眼前的风景。你会发现，有时候，最美的风景其实就在我们身边，等待着我们去发现、去珍惜。

让我们从阳台开始，重新爱上这个多彩的世界吧！

# 不要急于求成，世间所有美好都是慢慢呈现的

花一朵朵地开放，一瓣瓣地凋零；太阳一点点地升起，一点点地落下；小草和大树的生长也都是缓慢的……你看，世间所有美好的东西，都是慢慢呈现的。

生命本身就是一个缓慢的过程，需要经历、积累和成长。一个生命从幼稚到成熟，必定需要付出时间。而珍贵的东西往往都需要沉淀和磨炼，就像时间会让谷物成熟，让砂砾变成珍珠。

一个年轻人为了成功费尽心力，他自认为已经足够努力，却没有做出任何成绩，这让他对自己失去了信心。他向一个智者求助，智者给他指了指园中的两棵树，问他："你知道这些是什么树吗？"年轻人说："知道，高的是杨树，矮的是银杏树。"

智者问："这两棵树是同时栽下的，栽下时都一样高。它们在这里享受同样的阳光、水土。既然条件一样，为什么普普通通的杨树长得高，而更名贵的银杏树反而比它矮呢？"见年轻人不答，智者继续说："年轻人，你要知道，珍贵的东西总是慢慢成长。"

这句话拨开了年轻人心中的迷雾，他又重拾信心，坚持努

力下去，并最终获得了成功。

我们总是对成长有很多的期待，但却只有很少的耐心。为了追求速度和效率，我们时常忽视了过程和积累的重要性。散文家梁实秋说："耐心是智慧的前奏。"而慢行与静候是遇见美好事物的必要步骤。

欲速则不达，一个人一旦对成长失去了耐心，就会给自己带来各种不自信和急于求成的焦虑，反而更加不利于自身的成长和成熟。

人生不是一件件任务的集合，也不是掐分看秒的竞赛，我们更不是持续运转不知疲惫的机器，不要把自己逼得太紧、太累，只顾着往前冲去。人生是一段漫长的旅途，每个人要经历和享受的东西不同，收获的感悟和体验也不相同，我们只要按照自己的节奏走就好，不需要与他人同步。

你一定要努力，但千万别着急。过程也许很慢，中途也许会经历落后和失败，但驰而不息，慢而有恒，不放弃，沉下心来专注于自己的目标，循序渐进，厚积薄发，最后一定能够达到你所期待的目标。

不要急着让生活向你证明什么，你要相信，耐心走好脚下的每一步，就是你最好的路。生活可能不会及时响应你的努力，就像山谷不能立刻回应你的声音，但只要你等一等，总会在某个你自己都未曾察觉的时刻，听见绵长的回音。

慢慢来，多给自己一点耐心，给自己成长的时间和机会，你一定能够成为你自己想成为的人。

# 朋友圈戒断实验，真正的幸福不需要炫耀

偶尔分享一下收到的生日礼物、外出旅游的照片、精致的美食，

无可厚非，但如果过度沉迷，甚至不惜弄虚作假，就成了炫耀。

有心理学研究表明，过度的炫耀可能会导致焦虑和孤独感。因为当一个人将自己的幸福与他人的赞扬和认可联系在一起的时候，他的内心就会变得无比脆弱和敏感。

在我们的社会中，有很多人总是习惯性地为一些词语做好定义，并设定好标准，然后再向着设定好的标准努力，以满足达到这一标准的条件，"幸福"一词也是如此。于是就有人会忍不住地问："幸福究竟是什么呢？是金钱、权力和地位的获得？是产生在过去，还是发生在未来？"

而喜欢炫耀的人，多数都将生活的幸福感建立在物质的改善上，将物质的多少与幸福感的大小画上了等号，但物质的丰富真的代表幸福吗？

曾有一个身价数亿的大富豪，邀请人们到他的豪华别墅参观。每个进入别墅的人都对它的豪华惊叹不已，并感叹道："每天住在这里面，肯定无比幸福。"

可是富豪却没有表现出一点开心，他严肃地询问众人："什么是幸福？"原来，在多年不停歇的打拼里，富豪根本就没有体会过幸福的感受，也不明白幸福究竟是什么。

在心理学上幸福的定义是：一个人自我满足后产生的情绪。简单来说，幸福其实是一种心态，是一种主观的感受。不同的人对于幸福的理解会各有不同，但是它绝不是与物质的简单对等，也不应该成为一个人炫耀的资本。

真正幸福的人，会在内心感受到满足和长久的安宁，他们也没有多余的时间和精力去炫耀什么，因为寻找和体会生活中的乐趣和感动已经足够他们忙碌了。

毕竟，生活中有许多的幸福实在过于平常和普通，甚至微不足道，以至于一不小心就可能将它们忽略了。

云云是个工作狂，经常出差，每次出差，她老公总是会给她打不少的电话，提醒她好好吃饭、不要熬夜、注意安全等。云云有时候觉得老公很啰唆，而且毫无意义，于是她偶尔会把手机关机以屏蔽老公的消息。

有一次，她又一次出差了，而她老公因为参与了一项保密的工作，被暂时地隔离起来。这次彻底收不到老公的信息了，云云却开始频繁地看手机，连工作的劲头都少了很多。她忍不住和同事抱怨："明明平时挺烦他啰唆的，怎么现在他一个消息都没有了，我却这么不舒服呢？"

云云的状态大概可以用"身在福中不知福"来形容。生活中有很多人都是如此，因为他们忽略了，幸福并不是客观的物质可以代替的，它不是一种量化的事物，也不是可以"存"起来再细细体会的。幸福这一主观的感受，需要我们用心去体会和感知。

生活中那些普通而平常的时刻，比如，和家人共度的时光、工作中获得的成就、与朋友闲时的相聚等，虽然短暂，却恰恰是幸福感的重要来源。幸福不在过去，也不在未来，它存在于当下的每一时刻，也存在于我们身边，隐藏在我们心底。它可以被看作是一种感知，如果你感知到了，你就会幸福。

可是很多人对幸福的感知恰恰存在滞后性，以为当下拥有的一切都是理所当然，所以在失去时才能明白曾经的可贵，才能意识到，原来不是自己不够幸福，而是没有懂得并珍惜幸福的心。而我们要承认，那些能够在当下就体会到幸福，并珍惜的人，他们拥有非常难能可贵的品质。

过去和未来都不是现实，唯有此时此刻的幸福，才是我们能够紧紧把握住的。也许每个人都有自己关于幸福的标准，幸福的表现也千差万别，但你要相信，幸福不需要向你走来，你也不需要向幸福走去，因为它就在你身边。

重要的是，你要用心去体会生活，并珍惜自己当下所经历的每分每秒，这样才能真正感受到幸福的存在。

# 第二章

# 专注当下，治愈你所有的不安和焦虑

## 你只负责向前，时间会把你变优秀

很多人的失败往往都是源于想法太多，顾虑太多。他们时时刻刻衡量着付出与收获的比例，考虑着未来可能产生的结果，却忘记了每个人的心只有那么大，精力只有那么多。

如果将注意力都放在思虑未来和顾虑琐事中，那么很容易就会分散做一件事情的注意力，从而导致失败。相反，当你不再担心风险，也不考虑失败，只是纯粹地朝着目标努力前进时，时间自会成为你努力的见证者，在你心无旁骛地向前时，塑造出一个更优秀的你。

小瑜曾经参加过某个歌唱比赛，成绩在前三名，并签了唱片公司。在她即将要成为一个歌手的时候，她所在的唱片公司却倒闭了，而新的公司没有接受她，她就回家重新去找工作了。

但是她并没有因此受到打击而放弃唱歌，她在自己的自媒体账号上几乎每天都会发一段唱歌的视频。有朋友问她是不是还没有放弃做一个歌手，她说，自己并没有过多地去想这个问题，现在唱歌只是因为喜欢唱歌，所以不想放弃唱歌这件事情本身而已。后来，她有好长一段时间都没有再接触过歌唱比赛。在很多人猜测她已经完全放弃这条路时，她在十年后又重新报名参加了某个歌唱比赛，还赢得了总冠军。

在她获得冠军的那个晚上，她改了自己在社交媒体上的个性签名："人生没有无用的经历，只要一直向前走，梦想总会实现。"

这个世界并不是一杆简单的、公平的秤，让人能够将付出与收获放在天平的两端衡量，不平衡就随意往其中一方加码。有时候，你当下的努力和付出也许并不能立即收获成功，但是你要相信，保持向前走的姿态，每一步都不会浪费。

别害怕拥有一个遥远的梦想，梦想的终点看似遥遥无期，但就在你一点一滴的努力中，在千万个付出行动的日子里。在你未曾察觉之时，也许时间已经将你带到了终点前。

如果把人生要经历的每件事情都当作一个读书任务，那么请不要在翻开一本书之前，就仅凭书的厚度，而给自己预设读完的难度。也许当你真的翻开书看下去之后，等你再抬头时，书本已经过半，而过半的知识又让你能够更轻松地读完后半本书。

过早的顾虑和恐惧，对你读完这本"书"没有丝毫的促进作用，反而会阻碍你前行的脚步。所以，你只负责向前就好，时间会把你变得越来越优秀。

# 做好当下的事，把明天交给明天

当我们心不在焉的时候，总会反复懊悔过去的错误，忧虑未来的失败，这些变相地透支了我们的心理能量。而当我们着眼于现实，全神贯注地做某件事的时候，我们才能体会到快乐和幸福。

当我们总是探讨明天的时候，意味着我们总是纠结于时间的流逝，担心自己抓不住时间。但如果我们活在当下，时间可能就会奇妙地"消失"。因为事情每时每刻都在发生，过去的事情发生在过去的当下，未来的事情发生在未来的当下，当我们抓住了当下，也就抓住了时间。

小和尚每天都要负责清扫寺庙的落叶，他觉得这是一件苦差事，特别是在秋冬的时候，经常刮风，把落叶吹得到处都是。小和尚感到很苦恼，想找个办法让自己轻松一点。后来有个和尚跟他说："你明天打扫的时候，提前把落叶都摇下来，这样后天就不用扫了。"小和尚觉得很有道理，于是他第二天起了个大早，使劲摇树，打算把今天和明天的落叶一次性扫干净。可第三天小和尚到院子里一看，还是一地的落叶。老和尚走过来说："无论你今天怎么用力，明天的叶子还是会落下来。"

活在当下也意味着我们放弃了比较，只看见了自己的"时区"。我们与其因为"比较""竞争"而陷入焦虑，不如认真地审视自己，问清楚自己想要什么样的生活，想拥有什么样的经历，想成为什么样的人。我们在谈论属于自己当下的事情时，就不会分神去忧虑未来。

那么，我们该如何活在当下、顺其自然呢？

**行动起来**

有时做得太少、想得太多才会感到焦虑，我们可以先行动起来，哪怕是出去走走，从身边最小的事情开始做起。我们可以从这些日常的小事开始，慢下来，静静地用心去感知、体会其中的一点一滴。

**全身心感受生活**

调动自己全部的感官，用我们的眼睛、耳朵、鼻子、舌头、肢体等等去感知事物。在吃饭时品尝每一口饭菜，在喝茶时感受茶叶的芬芳，在洗碗时感受水流过掌心时的触感，在散步时触摸稚嫩的绿芽。当我们专心感受生活的时候，我们就没有空余时间再去焦虑别的事情。

**对周围的事物心存感激**

感谢自己做的事，感谢周围发生的事，感谢自己的努力，感谢父母的照顾，感谢朋友的陪伴，感谢自己吃到的美食，感谢自己吹到的微风，感谢自己看到的花朵。我们对美好的事情心存感恩的时候，也就体会到了当下的幸福和乐趣。

**把今天当成最好的一天**

我们可以把每一天都当成是最好的一天，当我们保持这种心态时，才能让这一天过得更充实、更美好。我们可以把每一天都当成最后一天来活，认真做好当天的每一件事，用良好的心态和实际行动带来更大的改变。

# 吃饭就好好吃，睡觉就安心睡

"吃饭的时候吃饭，睡觉的时候睡觉"，这句话听起来好像很简单，但很多人在吃饭时忙着开会、谈合同，边工作边吃，吃得食不知味；到了睡觉的时候又开始胡思乱想，既纠结于白天已经发生的事情，又担忧明天将要发生的事情。

埃克哈特·托利在《修炼当下的力量》中写道："过去能给你一个身份认同，而未来则有着解脱和各种圆满成就的希望，因此你可能会强迫性地认同它们，但这两者都是幻象。"

曾经，有一个乞丐在路边坐了几十年。有一天，有一个陌生人从这里路过，乞丐向对方乞讨，小声地说："给点儿吧。"

陌生人和他说："我没有什么可以给你的。"接着他看了看乞丐身下坐着的东西问，"你身下坐着的是什么？"

乞丐说："就是一个箱子而已，什么也没有，自从我来到这儿就一直坐着它。"

"你打开过它吗？"

"没有。打开有什么用，里面什么也没有。"

陌生人坚持让乞丐打开看一看，乞丐无奈，只能试着打开了箱子。结果看到里面的景象后乞丐狂喜，因为箱子里竟然是满满的珠宝和黄金。

其实我们每一个人都有这样一个充满财富的箱子，也就是"当下"。过去无法更改，未来尚不可知，只有当下才是我们可以掌握的。当下的每一个时刻都赋予了我们全新的机会，未来的结果正是当下行为的累积。我们如果能够尽自己最大的能力做好现在的事情，那么内心就会越来越有力量，这也是让自己的未来变得更好的努力。

总有些人喜欢提前为未知的事情惴惴不安，事情还没开始做，他们就提前设想了自己可能遇到的麻烦，因而产生害怕、担忧的情绪。然后，他们怀着这样忧虑的心情做着当下的事情，思前想后、犹豫不决，让当下的生活和工作都无端地生出了很多不必要的烦恼。

> 有人问一个农夫："你种玉米了吗？"
>
> 农夫说："没有，我担心天不下雨。"
>
> 那人又问："那你种辣椒了吗？"
>
> 农夫回答："没有，我担心虫子会吃了辣椒。"
>
> 那人疑惑不解："那你种了什么呢？"
>
> 农夫说："我什么也没有种，我要保证安全。"
>
> 就这样，在种植作物的最佳时节，农夫因为总是顾虑未知且不确定的事情而没有行动，而在收获时，他自然也什么都没有。

有时候，正是对未来的过度担忧，成为我们烦恼和焦虑的来源。

心理学家曾做过一个实验：研究者让受试者把未来一周可能产生的烦恼记录下来，放进一个"烦恼箱"里。三周之后，研究者打开了这个箱子，让受试者来一一对比核验。结果发现，受试者之前担忧的情况里，有 90% 都没有发生。

这个实验说明，真正困扰我们的并不是事情本身，而是我们内心对于未知的事情的臆想以及由此产生的恐惧。事实上，任何事情都是做了才知道结果，与其提前忧虑又不能改变什么，不如踏踏实实地走好当下的每一步，专注于眼前的行动。

把行动交给现在，把结果交给时间。努力取得的结果需要一个缓慢积累的过程，不能操之过急。当我们让心安住在当下时，焦虑和紧张也就会自然消散了。

有人说："你的当下，是由你的过去造就；你的未来，取决于你的当下。"在这个世界上，我们既没有机会回到过去，也不可能提前看到未来，而现在是我们唯一可以把握的时刻。只有做好当下的每一件事，才有机会弥补过去的遗憾，实现未来的梦想。

那么，如何才能把心安放在当下？

### 专注于眼下的活动

当你正在做某件事情时，无论是写总结，还是做饭、吃饭，你都应将注意力完全集中在这些活动上，不胡思乱想其他的事情，全心全意地体验当前活动的细节和感受。

### 感受自己的存在

工作之余，抽出空闲时间，坐下来或躺下来，摒弃一切杂念，感受自己的呼吸。这有助于提高自我觉察，让自己更加清晰地认识到当下的状态和感受。

# 睡前焦虑收纳盒，给烦恼贴封条

人生是由当下的每分每秒构成的，我们当下的心态决定了我们的状态。如果我们总是被过去和未来所扰，而对当下的一切视若无睹，那么我们无论已经拥有了什么，也都会感到不快乐、不幸福。

有不少人，大脑就是停不下来，辗转反侧，难以入眠，即便睡着也不能进入深度睡眠，第二天醒来时只觉得疲惫不堪。

我们的生活很忙碌，似乎每分每秒都被安排得满满当当，但是我们却没能从这样的忙碌中感到心安，因为我们的忙碌常常源于无法避免的焦虑。

从心理学的角度来说，焦虑是指一种缺乏明显客观原因的内心不安或无根据的恐惧，是一种在心里预期未来即将面临负面情况的紧张情绪。简单来说，就是提前为没有发生的事情而担忧、烦恼。越担忧，心中焦虑越甚，有时候甚至能将人的精神都压垮。

内心沉静，活在当下，把握当下，珍惜当下，能减少人生中八九成的焦虑。

有一个行者问一个老和尚："您得道前做什么？"老和尚说："砍柴、挑水、做饭。"

行者又问："那得道后呢？"老和尚还是说："砍柴、挑水、做饭。"

行者忍不住疑惑："那得道前后有什么区别呢？"

老和尚说："得道前，砍柴时想着挑水，挑水时想着做饭；得道后，砍柴即砍柴，挑水即挑水，做饭即做饭。"

行者更是不解："如果这样就是得道了，那岂不是所有人都和您一样了？"

老和尚说："当然不一样！"

行者追问："怎么不一样？"

老和尚说："一般人吃饭时不好好吃饭，有种种思量；睡觉时不好好睡觉，有千般妄想。我和他们当然不一样。"

认认真真地去做好当下的每一件事情，不要在做一件事情时，脑子里还想着其他的事情，这便是得道了。每次都能将眼前之事做好的人，他就做好了每一件事，因为正是当下的每一刻构成了我们的从前和未来。做好眼前的事，也许正是在为未来的美好铺路。

我们都是普通人，总会或多或少地受到周围人或事的影响，如果不能立刻改变心态，那就从一顿饭、一次睡眠开始，单纯地只是吃饭、睡觉，这样就能慢慢摒弃那些多余且没必要的焦虑。

其实人生中有很多问题，最可怕的并不是多，而是混乱。我们的精力是有限的，如果总是将精力同时分散给太多的事情，那样只会降低我们的效率，徒增烦恼。相反，认真而专注是完成目标的利器。

## 第三章

# 放下一切，内心就会重获自由

## 对自己最大的爱，是接纳

过去的泪水已成云烟，过去的羁绊终成荒谬，我们要笑着跨入美好的明天。不远的天空绽放的烟花，一个接一个，绚烂、夺目，全部都预示着崭新的开始。

总有些人在过得不尽如人意之时，一遍遍地回想当初，懊悔不已，整个人一副深度自省的模样，后悔曾经在某一刻做出了导致现在的生活的选择，忍不住地在脑海里设想"如果当初……"。

可是人生不可能每个选择都正确，很多时候，即便你再经历一遍当初的情况，以你当时的心智和阅历，仍然会做出同样的选择，因为那已经是你当时综合考虑后，做出的最适合当下的选择了。

所以不必批判曾经的自己，也不用一直回头看，毕竟过去的事情已成事实，无论你带着怎样的遗憾和悔恨，都已经无法改变。我们如果总是回味已经产生的痛苦，什么也放不下的话，只会错过更珍贵的东西。

人的一生本来就充满了不确定性，没有人能够毫无遗憾地走过，重要的是要把握人生每一个可以选择的机会。让过去成为过去，未来才能到来。

莎拉·伯恩哈特是戏剧界的一代巨星，她在70多岁时发生了意外。她在大西洋上遇到了暴风雨，她没有选择进入船舱躲避，而是想要站在甲板上见识一下暴风雨的样子，却不小心摔倒了，受了非常严重的伤。

她的医生认为必须把她的腿锯掉，可是他不敢告诉她，因为莎拉的脾气并不好。没想到，莎拉只是非常平静地说："如果必须这样，那就锯吧。"甚至在进入手术室前，面对儿子的号啕大哭，她还潇洒地向儿子摆手，说："等着我，马上就回来。"手术很成功，之后莎拉开始了她的演讲生涯，仍然非常受听众的喜爱。

一件事情如果已经发生，就不可能再发生改变。人生难免有遗憾，但是那些遗憾并不是我们人生的全部，只是某一个节点而已，我们不能也不应该陷于遗憾之中难以自拔，而要学着去接受并适应它。

哲学家威廉·詹姆斯说："要乐于承认事情就是这样的情况。能够接受发生的事实，就是能克服随之而来的任何不幸的第一步。"

在心理学上，一个人面对逆境、悲剧、创伤、威胁或其他重大压力的良好适应过程，即对困难经历的反弹能力，被称为"复原力"。拥有强复原力的人，能够沉着冷静地接受现实，并努力去战胜现实，哪怕遭遇危机，也依旧能够寻找和发现生活的真谛，并快速找到解决问题的办法。

谢丽尔·桑德伯格在《另一种选择》一书中写道:"复原力源于因生命中美好事物的存在而引发的感恩,也源于在挫折中学习到的经验。它既来自对于悲伤的解析,也来自对悲伤的接纳……我想让你明白,当生活扯你后腿的时候,你有能力触底反弹、浮出水面、重新呼吸。"

有一个腰缠万贯的商人,由于生意失败,而变成了一个家徒四壁的穷光蛋。他在体会过破产带来的痛苦后,心灰意冷,产生了轻生的想法。他准备回到幼时生活的小镇,途中经过一片瓜地,于是就在旁边休息片刻。

瓜农看见商人,热情地让商人品尝自己瓜田里的瓜,并开始向商人讲述自己的经历:前几年田地的收成一直不太好,还赶上了一场霜冻,让他辛勤劳作一年的成果都白费了。商人听后不无意外地说:"那你怎么还活得下去呢?赚不到钱,耕种还有什么意义?"

瓜农说:"你所经历的都有意义,只要不放弃,再怎么难都能挺过去的。你看,这不就挺过来了吗,今年就丰收了呀。"商人恍然大悟,决定立刻返回城里,从头开始。几年后,商人的公司获得了巨大的成功,他自己也成为行业里的领军人物。

人生只有一小部分是由我们的经历决定的,而绝大部分则是由我们的心态决定的。过去错过的机会、犯下的错误、遭遇的意外等,何尝不是一种人生的历练呢?遗憾不是困住我们前行的枷锁,而是我们成长的肥料,它滋养我们变得更加坚韧和成熟。

# 不原谅也没关系，但你要放过自己

仇恨，会让我们的心灵充满阴霾。对于那些伤害过我们的人，即使不去原谅，也要选择放下。放下这些，是为了让自己的内心重新上路，让自己的心有地方放那些美好的事物。

在我们这一生中，我们总会遇到各种各样的人和事，其中不乏对我们造成伤害的那部分，像是被人中伤、欺骗和辜负等。这些伤害我们的部分犹如当头一棒，打醒了天真的我们。然后不仅没有得到同情和支持，反而被不明所以的人劝说："事情都过去了这么久，他也道歉了，你就原谅他吧。"

于是，我们也许偶尔会产生一些疑问：真的要原谅吗？真的该原谅吗？不原谅是我自私吗？记得之前曾看到过这样一个小故事：

看着掉落在地上摔裂的紫砂壶，薇薇眼里都是心疼，那是父亲的遗物。而朋友那句"再买一把就是了"，像根刺一样扎在她心头。从此，她和这位朋友再无联系。

那天，她坐地铁，地铁广告屏上突然闪过一行字："紫砂壶碎了，茶香还在。"她心中一动，带着紫砂壶去了附近的手工坊。

老师傅用金漆修补了茶壶裂痕，锔瓷讲究"缝补但不遮掩"，看着变成花纹的伤疤，薇薇心中的怨恨也消散了。

没有底线和原则的原谅，换来的不一定是愧疚和感激，还有可能是无所谓的态度和变本加厉的伤害。

所以，我们都不需要通过急着去原谅别人，来显示自己的大度和不再沉溺于过去的决心，更无须被别人劝解的话束缚住。你不用因为无法原谅一个人而纠结、痛苦，进而谴责自己，这原本就不是你的错，不要用别人的错误来惩罚自己。

但是不原谅不代表不放下，我们可以不原谅伤害自己的人，但是要放过自己。因为纠结别人的恶，就是在折磨自己的心。你不必强迫自己原谅伤害你的人，同样也并没有必要强迫自己牢记痛苦。原谅与放下是毫不相干的两件事，毕竟世界上除了朋友和敌人之外，还有毫不相干的陌生人。

世界上有一种"没关系"，不是对别人说的，而是对自己说的——"我不原谅你，但没关系，我放过了自己。"

从前有一个女子，总是做梦梦到相同的场景：有一间房门被锁锁住的黑房子，黑房子里面有人在苦苦哀求着。每当梦醒，女子总觉得胸口发闷。时间长了，她感觉自己好像得了病，不仅胸闷，还常常心神不定、精神不济。

于是，女子长途跋涉去向一个老和尚求助。老和尚给了女子一把金钥匙，并对她说："你这病不难治，把这金钥匙挂在胸前，等你再梦到那个场景时，用金钥匙打开房门，把里面的人都放出来就好了。"女子谢过老和尚，并带着金钥匙回家了。

之后，她果然又梦到了那个场景。这次，她靠近黑房子仔细查看，竟然发现里面都是伤害过自己的人，有打骂过她的婆婆、幼时欺负过她的同伴等。她想，不能打开这个房门，他们在里面受苦也是应该的。于是，她不顾里面的哀求声，把金钥匙收了回来。

一年后，她发现自己的病又加重了，只能再次去找老和尚。老和尚和她说："只有最后一次机会了，你必须在今晚梦见那个场景时打开房门，否则金钥匙也救不了你了。"女子听后，下定了决心，在晚上做梦时，什么也不想了，勇敢地打开了黑房子的门，里面的人鱼贯而出。

在人群的最后，女子隐约看到一个熟悉的人影。等人影走近，她发现那人竟是她自己。黑房子里的自己正衣衫褴褛、目光呆滞地往前走，看起来十分可怜。当她走出来后，身后的黑房子轰然倒塌，阳光洒进来刺痛了女子的眼，女子也满身冷汗地从梦中醒来了。

此时，女子听见了老和尚的声音："困住了别人，也困住了自己。怨恨、痛苦垒起了黑房子，打开心窗才能让阳光照进来。"自此以后，女子的病彻底好了。

放下，不是原谅伤害自己的人，而是对自己的温柔和宽容，是对自己生命的珍视。我们来这世上生活，是为了体会生命的奇妙与美好，是为了感受爱与感动，不应该让恨与痛苦纠缠我们的生命。

余生很长，放下对伤害的不甘与憎恨。

# 放下执念，才能轻松自在

　　花开必有花落，云聚必有云散。有些人，有些事，是可遇不可求的，强求只会痛苦。既然这样，就放平心态，顺其自然。在人生的大风浪中，我们要学船长的样子，在狂风暴雨之下把笨重的货物扔掉，以减轻船的重量。

　　人生的路很长，丰富的经历给我们带来了丰富的爱与喜悦，也带来了数不清的困惑与烦恼。我们每个人都背着各种各样的"包袱"前行，但是如果想要顺利走到路的尽头，背上就不能背负过多的东西。否则，过重的负担只会压垮我们的脊背，消耗我们的能量。可能我们还没走到尽头时，就丧失了前行的力气。那样，想拥有的东西就只是泡沫，人生也只会多出很多遗憾。

　　曾经有一个年轻人，他每天都对自己失败的经历和痛苦的感受念念不忘。有一天，他遇见一个智者，向对方请教如何才能摆脱这种痛苦。智者给了年轻人一块厚重的石头，并告诉年轻人："这块石头现在代表了你心中的执念，你把它带着和我一起去山上走一段路，看看能不能走到山顶。"

　　起初，年轻人并没有觉得一块石头给自己造成了多少负担，可是随着时间的推移，他的胳膊越来越酸，向上攀登的脚步越来越沉重。他终于支撑不住了，向智者请求："大师，这块石头太重了，我实在走不动了。"智者笑着说："那就放下吧。"年轻人下意识地回答："可是我已经走了这么久，现在放下是不是太可惜？"

智者说："现在你的执念已经让你支撑不住了，如果不放下，你能够登顶吗？"年轻人犹豫了一会儿，还是放下了石头。瞬间，他就感到无比的轻松，连剩下半程的脚步都轻快了不少。

佛曰："执念是痛苦的根源。"许多人在生活中感受到的苦恼，大多源于对过去的执念。存在于过去的一切，无论是人或事，是爱或恨，如果一直无法释怀，它们就会成为我们前行的障碍。

放下，意味着宽容和接纳。既是宽容别人，也是宽容自己；既是对生活的接纳，也是对自我的接纳。懂得放下的人，才不至于被执念的负担压垮，才能够轻松自在地享受此刻，并做好迎接美好未来的准备。

有一位高僧非常喜欢瓷壶，只要听说了哪里有好的瓷壶，他必然会前往鉴赏一番。为此，花再多钱他也舍得。在他收集的所有瓷壶中，有一只龙头壶是他的最爱。有一天，他的朋友前来拜访，他用这只龙头壶招待对方。朋友对这只壶赞赏不已，在把玩时却不小心将它摔在了地上，瓷壶应声而裂。

高僧却只是默默地收拾瓷壶的碎片，然后继续与朋友说说笑笑，好像什么也没有发生的样子。有人问高僧："那不是你最喜欢的瓷壶吗？坏了你不觉得可惜吗？"高僧说："瓷壶已经碎了，再留恋又有何用？还不如去寻找新的，也许能够找到更好的。"

拿得起，放得下，是一种能够让自己活得轻松自在的生活态度。真正清醒的人，懂得放下执念，不埋怨、不怀念、不纠结，与过去告别，让生活得以翻篇，重新开始。

翻篇，是一种很了不起的能力。有时候，我们应该像使用旧式日历一样，过一天就撕一张，撕一张就扔一张，剩下的每一天都是新的。

希阿荣博堪布说："早晚有一天，你会明白：其实人生，除了生死，其余的都只是擦伤而已！"

人生真正称得上是大事的，唯有生与死两件避无可避之事，其余的烦恼，在跳出自我封闭的怪圈后，细看之下，很多都不过是无谓的琐事而已。你越是执着地在意什么，什么越会折磨你。放不下的执念不能困住别人，却能困住自己。将往事翻篇，将过往清零，我们才能卸下心中的包袱，轻装前行。

不必刻意追求人生的完美，不必希望将每一件事情都做到最好，然后做不到就忘不掉，那样反而会让"完美"成为一种负累。我们要学会接受自己的普通甚至是平庸，允许自己不完美，允许自己有永远无法得到的、遥不可及的东西，也允许这世间的人和事随着时间的流逝，像流沙一样从指间溜走，再难找回。

世间很难有永远都能把握住的事，但也没有过不去的事，将执念翻篇，少些苛求，多点宽容和接纳，才是善待自己。当你从执念中走出时，你就会看到全然不同的天地。那样的你，心是自由的，人是轻松的。

# 放自己一马，才知道生活有多精彩

泰戈尔曾经写道："如果你因失去了太阳而流泪，那么你也将失去群星。"覆水难收，既然失去已成定局，不妨向前看，因为那些失去的已不再和我们有关，我们未来还会遇到更多属于自己的美好。

我们都或多或少地失去过一些东西，可能是人，可能是物，可能是时间，也可能是机会。有些人在失去之后，久久不能释怀，他们苦苦追忆曾经，也因再也不能得到而痛不欲生。

过去的美好固然值得记忆与怀念，可是一味地惋惜、追忆没有什么意义。毕竟，既然是已经失去的东西，便是存在着种种原因让它们离你而去。或许这就是一种注定，注定失去的那些不属于你，所以你再怎么不舍和惋惜都留不住。

在这世间，很多东西都是有期限的，因为我们无法阻止时间的流逝。美好的事物就是如此，再刻骨铭心，也会随着岁月的匆匆而逝，变得云淡风轻。我们能够为那一份美好保留、珍藏一份记忆，就已经足够了，就让它们以最好的样子存在于我们的记忆里吧。

有时候，你把一些东西握得越紧，它们反而流失得越快。很多事，也并非强求就能有结果，多数时候，不过是互相折磨而已。

一个男子与一个女子相恋了，一开始他们的感情很好，两个人拥有了很多美好的回忆。可惜的是，两个人在一起一年多以后，男子就逐渐对这段感情失去了兴趣。于是，他就开始找各种理由分手，并尝试着让女子死心。

两个人确实分手了，可是女子很舍不得这段感情，就又去找男子复合。男子受不了女子的软磨硬泡，也同意了。可是复合不到一个月，两个人又吵架分手了。就这样分分合合，两个人都为此疲惫不堪，也不知是谁舍不得谁了，竟一直都有联系。

在爱情里，有一句挺流行的话："如果你爱一个人，你就放他走。如果他回来了，那这个人就属于你。"真正属于你的东西，不会因为你的放手而真正失去。

我们一生会遇见许许多多的人，有些人闯进了我们的生命，却又用各种方式离开。很多时候，我们不能放下的并不是某个具体的人，只是舍不得曾经在一起的那段美好时光。

无论是友情还是爱情，如果命中注定我们没有携手走到最后的缘分，不如就此挥手告别。就像宫崎骏说的那样："当陪你的人要下车时，即使再不舍，也要笑着挥手告别。"

人生这列列车，途中纵有千般风景，有些人也只能陪你走那一程而已。对彼此说一声"再见"，然后再祝愿对方余生安好吧。

破镜难重圆，如果分开就别纠缠，我们要允许有些人只是短暂地出现在我们的生命里。有缘相遇，就多加珍惜；无缘同行，那就坦然分别。

爱时热烈，不爱时勇敢，拿得起也要放得下，把一些人就留给昨天吧。未来，我们还要遇见更好的人，也要更好地去爱别人。

别再为错过了什么而遗憾，人人都在错过，人人也都在遇见和拥有。你错过了一些人和事，别人才有遇见的机会，而别人的错过，才能让你遇见。

佛说："属于你的，永远都在。"属于你的，即使远在天边，也永远不会错过；不属于你的，哪怕近在咫尺，也永远无法企及。

有一年，佛陀带着很多和尚，在某一婆罗门的邀请下，来到另一个城市。在他们到达的时候，婆罗门却没有供养护持佛陀等人，又值饥荒，百姓也只能供养一点食物，但是和尚们却并不颓丧，仍然为此很感激。

后来，佛陀带着和尚们回到舍卫城后，受到了百姓热情的欢迎和丰富的食物供养。这时，有些人因为和尚们的慈悲，而每天吃他们被供养的食物，还四处嬉戏玩闹，无所事事。有的和尚见此说："饥荒时他们还很恭敬有礼，现在食物充足，竟如此放肆。"

佛陀听后，就说："愚痴者，诸事不顺时就会哀愁沮丧，一旦顺心如意，又会雀跃不已。智者从不会因生命中的得失，而动摇心志。"

世间得失，有因有果，有来有往。得到的，就是该得的，无须雀跃；得不到的，就是本就不属于你的，也无须懊恼。

勇敢结束的人，会被奖励一个新的开始。

别回头，向前走，未来有真正属于你的好运与幸福在等着你。

# 第四章

# 学会独处，静守心灵的美好

## 独处，是一场聆听心灵之声的旅行

独处是一场与自我的邂逅，是一次聆听自我心灵之声的旅行。在独处之时，我们会寻找到自己所期盼的东西。

随着年岁渐长，大部分人都会慢慢地意识到，能聊得来的、常常有联系的朋友会越来越少，能够陪伴自己全程的只有自己。而独处，就是生活的常态。

有一个父亲丢了一块表，他烦躁地四处寻找，几乎翻遍了整个屋子也没有找到。等这个父亲出去之后，他儿子悄悄地进屋了，不一会儿就找到了表。

父亲觉得不可思议，问儿子："你是怎么找到的？"

儿子说："我就是安静地坐着，然后听见了表针嘀嗒嘀嗒的声音，表就找到了。"

在喧嚣的世界中，我们总是被各种琐事和纷扰所包围，难以静下心来。而独处，则是一种远离纷扰，回归自我的方式。学会独处，能够让我们嘈杂的内心回归平静，让我们不受外界所扰。当我们心灵中的躁动与不安慢慢退去，我们自然就找到了内心深处所渴望的东西。

在独处时，我们不用担心别人的情绪，也不用刻意去判断别人的心思，这只是一场自我心灵的深度对话。我们可以在独处时更加自由和放松地表达自己的内心，享受着独处给我们带来的片刻安宁与平静。

我们的独处，让内心拥有了一个自由的空间，也让自己多了一个可以重新认识自己、认识生活的机会。在独处的寂静的时刻，心灵才得以发出最真实的声音。

一天，一个因工作不顺而心情郁闷的年轻人，在结束应酬后把车开到了护城河边上。他打开手机放了一首自己喜欢的轻音乐，然后靠在了车门旁。他不禁在脑海里想，自己努力了这么久，却好像一直得不到上司的肯定，这么累究竟是为了什么？而自己一直不开心，是自己的原因还是公司的原因呢？

他反复思考，也反复询问自己，最终他回想起来，现在的工作其实并不是自己喜欢的那一个，一开始只是迫于生计选择了它。所以，似乎自己无论怎么做，都拿不出百分之百的劲头，也感觉不到快乐。想通了之后，他第二天就向公司递交了辞呈，整个人轻松了不少。

独处，可以让一个人短暂地放下快节奏生活的压力，以及社交、工作、生计等外界因素的束缚，只专注于自己的内心。在独处时，我们可以以一种最放松的姿态，感受自己的呼吸和心跳，给自己的大脑充分思考的时间和环境，聆听自己内心最真实的想法。这样的宁静和平和，能够给我们带来前所未有的自由和舒适的体验。

所以说，独处，既是一种珍贵的修行，也是一种"奢侈"的享受。

独处，与孤独不同，它是一种能力，一种与自我对话、避免自我迷失的能力。它不是为了让我们孤立自己，而是为了让我们更好地了解自己。在独处时，我们有机会与自己的潜意识建立微妙的默契。当我们偶尔迷失在生活的喧嚣中时，学会独处，就有机会让我们的心灵与灵魂归位。

真实地面对自己，剖析自我，才能修复心灵；从琐事中抽身，回归自我，洞见自身，才能让灵魂得以蓬勃生长。我们的心灵需要休息，灵魂需要成长，而独处正是实现二者的必要方式。

有些时候，独处既不是为了思考什么，也不是为了摒弃什么，仅仅只是给大脑一段时间的空白——什么也想不起来，什么也不用想，只是做短暂的休息。

我们可以在家中建立一个专属的宁静角落，让独处成为生活的一部分，世界的喧嚣将在独处中消失；或是在天幕下踏步沉思，短暂地放下心中的一切，贴近自然，感受自然。

沐浴在阳光下时，就好好感受阳光透过头顶的树叶，在自己的身上投下的斑驳树影和轻抚脸庞的微风；漫步在月光里时，就于静谧中仰望星空，让思绪蔓延到遥远的宇宙。这一切都是生命中美好的时刻，是独处时能够感受到的生命的奇妙。

# 一定要爱点什么，让你的内心充盈富足

刘慈欣说："美妙人生的关键就在于你能迷上什么东西。"爱好就是生命中的花花草草，我们剪枝、浇水，看它们茁壮地成长，装点着我们荒芜的内心，让我们的生活不再只有一种色彩。

我们常常能够听到一些人诉说着生活无聊、苦闷，为了打发时间，有些人会走进电影院，用一部电影来打发两个小时左右的时间。可是，当电影放映结束，随之而来的就是更大的空虚和孤寂感。

一个人之所以会在独处时感到孤单，很多时候都源于不知道如何去打发无聊的时光。而看电影、打游戏、刷短视频等方式，并不会让人感到真正的充实和快乐，相反，这些行为在带来的短暂快乐之后，都会给人以更明显的孤独感。

人生难免会有独处的时刻，要避免孤单，不在外物，而在自身。我们活着，总要爱点什么，无论是绘画、写作还是运动，总要找到一项能够让自己沉浸其中的爱好。

有爱好的人，会发自内心地喜欢一件事情，当他们专注地去做这件事情时，不仅会让孤独感悄然离去，被欢喜填满，还会培养出热爱生活的真性情，再平凡而普通的日子，都能过出妙不可言的诗意。

在一条小巷的两个拐角处，有两个鞋匠数十年如一日地在那里修鞋。其中一个鞋匠常常叹气，另一个则总是在嘴里哼唱着小调，怡然自得的样子。一天，有一个年轻人路过此处想要修鞋。他走到第一个鞋匠处，问："你为什么总是叹气？"第一个鞋匠说："我太寂寞了，这里经常只有我自己。"

年轻人走到第二个鞋匠处，问："这里只有你自己，你不感觉寂寞吗？"第二个鞋匠说："我怎么会只有自己呢？我还有我喜欢的工作，当然不会寂寞。"

有一位作家曾说："不管一个人在这个世界上爱的是什么，总之，一定要爱一些东西。"人因为有爱好，所以会心生欢喜。而心中的那一点欢喜，就能让我们琐碎又枯燥的生活变得有趣、生动而优美起来。

一个有所爱的人，心灵才会有所慰藉，灵魂才会有所寄托，内心更是充盈而坚韧，自然不会感到孤单。

你的爱好可以很小众，也不一定非要为你提供什么学识或金钱，甚至它偶尔可能还会对你健康的生活习惯有所影响，但是没有关系，它的意义就在于，让你享受和自己的独处。

有一个老人，每天悠闲地坐在一棵大树下面，一边乘凉，一边用黏土捏各种形状的小人。捏好的小人就放在前面，供别人挑选和购买。但是老人却从不给黏土小人定下固定的价钱，一般都是让购买的人看着给钱。一个商人看见了老人的摊位，心里盘算着如果从老人这里大批量订购一些做好的黏土小人，再高价转卖给别人，那自己能赚不少的钱。

于是，他就上前与老人说："我要从你这里订购一千个不同的小人，给我多点优惠吧。"老人思索了一下说："我不做。"商人问："为什么？你不想赚钱吗？"老人说："对我来说，在这里捏小人是一种享受，如果接了你的单，就变成了我的负担。"

商人十分不解："赚不到钱也是享受吗？"老人笑着点点头："当然。"

爱好不一定代表什么，也不一定具有什么样的作用，更不需要获得他人的理解。只要你能够从一件事情中获得持续性的快乐与满足，那么无论它在别人看来是否有意义，它就是你所爱的，是你偶尔为了脱离现实世界而安心休憩的港湾，是你逃离琐事烦扰的庇护所，也是你在精神上无人能束缚和禁锢的自由之地。

你的热爱是自由的，无须给自己设定什么限制，你可以有很多爱好，也可以只有一个爱好，可以长久地爱着什么，也可以三分钟热度。只要你热爱的当下，全身心地感受过热爱的快乐，并且会为自己寻找新的兴趣爱好即可。因为寻找所爱，也是一个发现自我的过程。

如果你不想让自己的生活变成一潭死水，如果你想在静谧的时刻也能体会生命的美好，那么不妨去爱点什么吧。爱花、爱美食、爱音乐、爱阳光正好、爱春暖花开……爱点什么都好。

热爱会让你发现，总有一些时刻，生活温柔且浪漫，而你一个人也不孤单。

# 拒绝无效社交，找到内心的宁静

很多时候，令我们劳累的并不是工作本身，而是无效的社交。君子之交淡如水，与其进行太多的无效社交，不如回归本心，将多出来的时间、精力放到自己喜爱的事情上。

随着我们长大，社交活动越来越多了，似乎只有通过不断地进行社交活动，我们才能找到自身的归属。可是其中又包含多少没有实际意义的无效社交呢？

比如，为了融入自己不喜欢的圈子而参加饭局，或者因为害怕不合群而参加同事聚会，等等，这些都属于无效社交的范畴。

无效社交给我们带来的是虚浮的忙碌，看似充实，实际上如镜中花、水中月，不仅不会给我们带来真正的内心平静和满足，反而会让我们陷入更深的疲惫和空虚之中。而人的时间和精力也终究有限，被无效社交所占据的那部分，势必要由其他部分来弥补，得不偿失。

有一天，一个砍柴工准备上山砍柴，路过草地时看到一群羊正在吃草，而放羊的人就坐在旁边。放羊的人看到砍柴工经过，忙热情地招呼他一起聊天。砍柴工觉得时间还早，就坐过去和他说话了。

　　谁知，这一聊就聊了大半天。放羊的人看自己的羊群草已经吃得差不多了，就提出回家。砍柴工这时才后知后觉地反应过来，对方的羊已经吃饱了，而自己还一根柴都没有砍，今日回家的时间一定晚了。

无用的社交活动只会消耗我们的时间和精力，无法给我们的精神、感情、工作和生活带来任何实质的好处。

　　拒绝无效社交，回归独处，实际上是对精神的减负。独处的时刻，一个人就像处于一个能量补给站中，那些被无效社交所耗去的精力，只要一个人安静地待上一会儿，就能悉数补回。

　　正如心理学家凯利·麦格尼格尔说过的："当一个人独处的时候，可以让人冷静、清醒，这样更容易受到积极情绪的影响，那些烦恼、焦虑、抑郁等情绪更容易得到释放与化解。"

　　独处是一个人最好的增值方式，低质量的社交不如高质量的独处。与其浪费时间，强迫自己挂上空洞的笑脸，为了合群而和不喜欢的人社交，不如给自己留下一段独处的时光，来提升自己的内涵，丰富自己的精神世界，让自己变得更强大，也更优秀。

　　一个中年人，已经为工作应酬了几十年，他感到自己的心无比的疲惫。之后，他毅然决然地离开了打拼多年的城市，选择回到了故乡那宁静的小村庄。在那里，他几乎与外界隔离，日常活动就是钓鱼、阅读和锻炼，过上了隐居一般的日子。

　　有一天，他的朋友忍不住问他："你没有任何社交活动，也没有朋友相伴，难道不会感到生活孤单且漫长吗？等你再回来时，不怕跟不上城市的发展速度吗？"中年人说："恰恰相反，我从未像现在一样感受过自己精神世界的丰富和每日的进步幅度。"

喜欢独处，远离人群的人，未必存在社交障碍；相反，一个完全不会也不能独处的人，才有问题。

哲学家弗里德里希·威廉·尼采说："人就算是在人群中漫步，实际上也是走在新的荒野上；人即便是和他人同桌吃饭，实际上他们之间也隔着一道厚厚的墙壁。"

与人社交时，我们总避免不了下意识地隐藏一部分真实的自己，即便是与亲近之人交往，我们不需要使用多余的社交技巧，但是仍然需要一定的情感支配。只有真正的远离社交，进行独处时，我们才能全然地放松，这是一种与人社交时完全不同的心境。

无法拒绝社交的人，就拒绝了最佳的放松身心和治愈自己的机会。

不过，要保持自己内心的宁静，也并不意味着全然与外界隔离，而是要在与外界进行交流和沟通的同时，始终保有自己内心的平静和独立。

真正有智慧的人，不会过多地在乎别人的言论，他们懂得自己想要什么，知道自己未来的方向是什么，也知道如何才能够让自己实现最终的目标和理想。比起外界的评价，他们更在意的是自我的提升。

他们会亲和地对待多数人，与少数同频者相交。因为他们知道，时间的多少是客观存在的，在社交上花费的时间越少，能够花在自己身上的时间就越多。时间于他们而言，比任何东西都珍贵，舍不得浪费一丁点。

一个人的成熟，看的不是他多么地擅长与人交际，而是看他是否学会了独处，也能享受孤独。

# 一个人的城市探险地图，自由自在

不要害怕自己一个人，在身边无人的日子里，我们同样可以去听风、看雨、晒太阳，增加自己与这个世界的联系。

不知道你有没有发现，周围越来越多的人，开始了自己一个人的生活：一个人居住，一个人吃饭，一个人旅游。他们中有的人，比起外出在人群中社交，更喜欢一个人待在家中，有的人则是被迫独自生活。后者有时候会感到十分孤独。

他们随着成长的轨迹不得已远离家乡，远离亲朋，在陌生的城市中一个人度过日日夜夜，身边找不到人陪伴，连情绪都找不到人宣泄。他们偶尔会突然觉得自己一个人吃饭、看电影很奇怪，他们害怕形单影只的自己与人群中三三两两结伴同行之人的对比，所以宁可选择让自己只待在家中不出门，也不愿穿梭在热闹的人群里。

或许我们都是这样的人。我们会害怕一个人的生活，是因为一个人在对抗生活的琐碎和困苦时缺乏一种安定感。就像一根筷子很怕被人掰断，可当它处在一把筷子之中，就不再有这样的恐惧了。

可是人与筷子终究是不一样的，身边人的数量并不足以成为我们对抗生活的力量。我们的力量应该源于自身，源于我们读过的书、看过的风景，以及平和而坚定的内心。

有一个痛苦的年轻人去求佛，他说："我身边的朋友都渐渐离我远去了，一无所有的我还能做什么呢？"佛带着年轻人到了院子里，问："你看到了什么？"年轻人说："头顶的树叶在动，阳光有点刺眼。"

佛说："你看，你并非一无所有，也仍有可做之事。"年轻人不解："我还有什么？"佛说："风与阳光。"

自然给了每个人平等而无私的馈赠，或许我们的生活常常是鸡毛与琐屑满地，疲惫和无奈一身，但我们仍然能与任何人一样，享受阳光，享受花香，享受生活中的每一处美好。

所以，不要把自己抱成一团，宅在家里与世界隔绝。大自然实际上是一个巨大的能量场，河流湖泊、花草树木、虫鱼鸟兽、日月星辰，人置身其中，精神与心灵的空间都在其蓬勃的生命力的感染中变得更加丰富。

当我们长时间远离自然时，我们就失去了一个重要的能量来源，可能会变得更加焦虑、压抑和孤单。而在每一个亲近自然的时刻，我们都会变得更加坚定而有力量。

哲学家赫尔岑曾说："人无论在什么地方，只要抱着一种直率、清净、纯洁的心境去观察自然和生活，就会得到无限的欢悦。"

你可以去沐浴清晨温和的阳光，或去拥抱一棵大树，或在雨中漫步，或坐在草地上与青草来个亲密接触。你会发现，仅是出去走走，便被温暖和放松抱了满怀，心情都止不住地愉悦。

人间烟火气有朝朝暮暮，我们的孤独其实是最昂贵的自由。一个人，无论处在哪里，唯有只面对自己时，才能表现出最真实的状态。那时，我们不用多重顾虑，大声哭泣或狂笑不已都随心而已。那时，我们会感到一阵轻松和痛快，一种回归本我的痛快，一种不用害怕赤裸地展现自我的痛快。

我想就连讨厌孤独的人，都会有过这样的经历：明明非常渴望与其他人交谈，明明有很多情绪想与别人分享、发泄，可是话到了嘴边，却突然不知该如何开口，因为陡然间发现，有些话是只属于自己的，没必要告诉别人，也不知道该如何告诉别人。别人既然没有经历你的悲欢，自然无法听懂你真正想要倾诉的感情。一个人经历得越多，这样的感受通常也就越明显。

所以大多数人，即便身边围了很多人，他们的情绪仍然是自己消化的。我们既然很难将全部的自己都展现于人前，那就将自己的全部都展现给自己。

如果说，这个世界上有谁绝对不会离开你，那一定是你自己。而自由的极致就是，无论离开任何人、任何事，你都可以做最松弛的自己，也永远最爱自己。

今日的生活依旧平淡，那就出门去晒晒太阳，去吹吹风吧，哪怕自己一个人，至少别辜负自我。

# 修心篇

## 第五章

# 越是艰难处，越是修心时

## 逆境中修行，把失意过出诗意

十年饮冰，难凉热血。我们纵使在逆境之中，也应该迎风飞扬。就像苏轼的诗词中写的那样："竹杖芒鞋轻胜马，谁怕？一蓑烟雨任平生。"

人生在世，生活难免起落不定，有一帆风顺之时，就有逆水行舟之日，失意总是在所难免。

只是当失意来临之时，我们不要总是问："为什么偏偏是我经历这些？"因为并不是"偏偏是你"。命运没有偏爱，自然也不存在偏心，你看到的那些处之淡然的人们，也许正经历着逆境中的艰辛曲折，只是他们没有忘记，不管自己失去多少，依然拥有珍贵的生命和曼妙的风景，理想也不会因为身处逆境而消弭。

生命给了我们无限的可能，理想让我们心中依然存在诗和远方，只要让自己的心态保持淡定和从容，我们依然可以看到生活里满目的诗情画意。

诗人刘禹锡被贬之后，辗转到和州做官，地方官员知道他是贬官，便故意刁难，让他从初来时的三间三厢的居所，搬到了只有三间房的茅舍。茅舍前正对着一条大江，刘禹锡便写了一副对联贴在门上，以舒心志："面对大江观白帆，身在和州思争辩。"

有官员知道后很生气，又指使手下，让他搬到另一处。刘禹锡的住房由原来的三间减少为一间半，但那里有一条小河，而且河面水平如镜，河岸绿柳成荫，于是他又在门上贴了一副对联："垂柳青青江水边，人在历阳心在京。"

这让刁难他的人非常火大，再次将他强迁，这次是远离江边与河岸的一间破屋，屋里小到仅能放一床、一桌、一椅。然而，正是在这间小破屋里，刘禹锡创作了流传千古的《陋室铭》。

困苦的环境能够限制人的身体，却不能限制人的灵魂与心灵。坚定而强大的心生出了自由而富足的灵魂，也塑造了经得住刀枪剑戟的身体。

无论是顺境还是逆境，都是我们生命中不可或缺的一部分，坦然地接纳它们，也是接纳了我们自己的人生。逆境是人生修行的道场，于逆境中修心，我们才能风雨不惧，在人生的每一刻都活出精彩的幸福来。

作家丁立梅说："人生失意总是难免的，要紧的是，在失意中，活出诗意来。好好活着，才是生命的本质。"

人生，也许不能时刻都如我们所期待的那般美好，但是我们可以让我们的心态时刻保持着美好的样子，即便头顶乌云笼罩，依然活出云淡天高。

逆境中的日子也许并不美好，但不一定很糟糕。就像面对暴雨，我们会期待彩虹；面对落花，我们会期待秋实；面对狂风，我们会期待夜晚闪烁的群星。每一个身处逆境的时刻，虽带来了失落与失意，可是它们也让我们更加珍惜平时所忽视的一切，让我们能够于痛苦中想象并期待新的希望。

曾有一名优秀的篮球运动员，他的脊椎骨在一次车祸中受到了损伤，这让他再也不能参加任何体育运动了。一夕之间，他失去了健康的身体和最热爱的事业，这对他来说是一次毁灭性的打击。

但在这时，他开始重新审视自己的生命，寻找新的热爱的事情。他爱上了画画，于是开始每天创作美丽的画作，并下定决心成为一名画家，向所有人展现自己刚刚挖掘出来的艺术天赋。

经历失意本身并不是多么可怕的事情，真正可怕的事情是，在失意中丧失对自我的信心，以及面对生活的热情与勇气。有人说："诗意是失意的盔甲。"说得再正确不过。

失意落魄之时，我们不要放弃自己，让自己向下堕落。如果一时不能从逆境中冲出，那就在逆境中给予自己一场心灵的修行，将自己的精神投于书本、花草或星辰中，从而充实与丰盈自己的灵魂。

当我们的内心变得坚韧而豁达，得失随缘不强求时，诗意自然紧随心中那一份潇洒与从容而来。

# 人在低谷最好的活法：不抱怨，不放弃

我们难免会遭遇挫折，但是再重的担子，笑也是挑，哭也是挑。与其抱怨，不如自渡，不如坚持下去，涅槃重生。

有些人在低谷期，怨天尤人；有些人在顺境时，肆意妄为。

三毛曾说："生命的过程，无论是阳春白雪，青菜豆腐，我都得尝尝是什么滋味，才不枉来走这么一遭啊。"人生就是一场修行，每个人都有自己的命运，我们无法选择，只能接受。

著名作家史铁生自小体弱多病，在21岁最美好的年纪，他就被迫坐上了轮椅。史铁生刚坐上轮椅时，经常抱怨命运对他多么不公，他的脾气变得暴躁，变得喜怒无常。面对天上成群的大雁，他会突然把自己面前的玻璃敲碎；他会绝望地捶打自己的双腿，逐渐丧失活下去的欲望。

他不知自己是否还有前路可走，他蜷缩在心灵最阴暗的角落，敌视着一切。他责问无情的上苍，责问绝情的命运。

当他的母亲在他面前被背走去医院抢救时，他才醒悟过来，原来自己的母亲已经病得那么严重。到了最后，他所能做的，就是和自己的妹妹在一起好好地活着。

在人生的低谷中，抱怨只会让人跌得更低，生活变得更加糟糕。我们要明白，生活是一场漫长的旅行，我们必须经历无数次的坎坷，才能到达终点。我们每个人都有自己的人生轨迹。我们可以抱怨生活的不公，抱怨自己不够努力，但这一切都是为了让自己变得更好。有句话说得好："吃得苦中苦，方为人上人。"只有忍得住一时的委屈和痛苦，才能有以后的快乐和幸福。

几米曾写过这样一段话："掉落深井，我开始大声疾呼，等待救援……天黑了，我黯然低头，才发现水里面满是闪烁的星光，我终于在最深的绝望中看到了最美丽的惊喜。"当人生的风雨来袭时，前路会变得特别泥泞难行。很多人在这个时候很容易被环境影响，变得悲观消沉。当我们独自一人扛过了所有黑暗，我们会发现，曾经的苦难只不过是走出低谷的垫脚石。

除了不抱怨之外，在低谷时不放弃，才有翻身的可能。苦难和挫折是人生的常态。靠自己，才是走出低谷的最大的底气。真正的智者都心怀主见，在逆境中坚守着内心的信念，在人生的路途上有所为有所不为，始终不放弃心灵深处的高贵。真正有智慧的人，都懂得用逆境来沉淀自己。

哈兰·山德士5岁时失去父亲，14岁时被迫辍学开始流浪。此后，他先是在农场干杂活儿，后来当过电车售票员，但都很快就被解雇了。走投无路的他谎报年龄参了军，却被分配到后勤部门。

17岁时他开了个铁匠铺，但不久就倒闭了。18岁时，他结了婚，但几个月后，在得知太太怀孕的同一天，他又被新东家解雇了。不久，太太卖掉了他们所有的财产，逃回了娘家。

很多年后，他接到了105美元的退休金支票，上面写着："当轮到你击球的时候你都没打中，现在不要再打了，该是放弃、退休的时候了。"

山德士愤怒了，他不相信自己的人生已经结束，要继续奋斗，就算在失败的履历上再添上一笔他也不在乎。于是，他用支票上的那笔钱开了一家炸鸡店——肯德基家乡鸡。哈兰·山德士，全世界第一大快餐连锁店——肯德基的创办者，在88岁才获得了事业上的成功。

这人生的磨难，总得自己去经历，自己去感受。外人只看得到我们的光鲜和靓丽，但背后的努力和耕耘只能自己去累积。人在低谷，唯有自渡。纵使艰辛，跨过去，就可以看到不一样的风景。

与其抱怨不如选择安静，默默地接受自己的委屈，在不动声色里强化自己的能力。不要随便向外人倾诉自己的委屈，这是因为一方面别人可能无法理解你，人类的悲欢并不相同；另一方面抱怨就像毒液，不仅会影响你自己，还会影响别人的心态。

不要放弃，永远向前走。即使觉得非常痛苦，也要维持自己最低的工作频率。维持工作时间能够最大限度地帮助我们保持生活的规律作息，避免我们过于颓靡甚至失控。

有人说，生命中最伟大的光辉不在于永不坠落，而在于坠落后总能再度升起。

# 你之所以抱怨，是因为不够强大

当你软弱可欺的时候，谁都能来踹你一脚，但是当你强大起来的时候，全世界都会成为你的风景。与其当一个老实人，不如做一个强大的规则制定者。

当我们很弱时，坏人会随意地朝我们扔石头，且毫无歉意，这是因为我们自己没有反抗的能力，伤害我们的成本最低，所以他们蜂拥而至。虽然很残酷，可这就是现实世界的生存法则。

所以，若逢不如意之事，与其伤春悲秋，不如改变自己，努力提升自己的实力和层次。最终我们会明白，所有不可逾越的高山大海，都会化为一马平川。自强之外，无上人之术，强大自己，是胜过他人的不二法门。唯有迎难而上，不断强大自己，你才能得到命运的馈赠，世界也会对你和颜悦色。

在战国时期，苏秦对学问有着浓厚的兴趣，却对农耕兴味索然。他从鬼谷子那里学成归来，却难以实现自己的抱负，整日闲居家中。

然而，苏秦的兄嫂并未给予他应有的尊重，甚至常常让他食不果腹，而他的父母更是对他冷嘲热讽，称他为"无用之才。"

为了证明自己，苏秦更加发愤图强，四处游说，倡导合纵抗秦。终于，他的努力得到了回报，赢得了各国君主的青睐，最辉煌时曾身佩六国相印，成为一代风云人物。

苏秦衣锦还乡之时，受到了父老乡亲的热烈欢迎，他们甚至走了二十多里路来迎接他。而昔日冷落他的父母兄嫂，也摆下了丰盛的宴席，向他表达敬意。

对于一个人来说，自己才是最可靠的，靠别人终究会被别人所控制。人家说东我们不敢说西，因为我们的命脉在他人的手上，我们没有办法说什么就是什么，因为自己的实力不允许，因为自己是依附于他人的。

所以，我们现在才会经常说，人要学会独立，也就是要学会不全部依靠别人。因为只有自己强大了，我们才能够有话语权。

真正的强大，是脸上不见风霜，内心不起波澜，没有什么能伤害到自己的。他人有风刀霜剑，我们自有自己的护盾；他人的冷嘲热讽，我们丝毫不入心。对于内心强大的人而言，世间没什么能伤害到他们，因为内心足够的强大，他们将挫折视为垫脚石，不断垫高生命的高度。

在人生修炼场上，内心强大的人，往往不会精神内耗。很多时候，人之所以感到痛苦，不在于事情本身，而在于我们内心的冲突。内耗的过程，就像是用一把勺子慢慢将自己掏空。内心强大的人都会拒绝内耗，他们不多想，遏制住思想内耗的源头，认认真真活在当下；他们不空想，因为他们知道与其思考一千次，不如真正去试一次，与其犹豫一万次，不如下定决心做一次；他们不乱想，因为他们知道，世界是自己的，与别人无关。

内心强大的人都会反思自我。海涅曾写道："反省是一面镜子，它能将我们的错误清清楚楚地照出来，使我们有改正的机会。"遇事只有善于反思自己，才能少走弯路，有所进步。

有一只总是受到人们歧视的乌鸦，它非常难过，决定搬家，远离这个伤心地，到南方定居。途中，它遇到了一只鸽子。鸽子看着乌鸦沉重的行李和颤抖的翅膀，疑惑不解地问："你这么辛苦地搬家，要搬到什么地方去呀？"

乌鸦叹了口气，愤愤不平地说："说实话，我在之前的家已经住了好多年了，那里有我喜欢的干燥的秋风，还有我吃不完的食物，其实我也不舍得离开。但是我家附近有一个村子，那里的居民都很讨厌我的叫声。他们一听到我叫就觉得晦气，并且还挥舞着手臂撵我走。尤其有些小孩，他们经常用石子投我，所以我想搬到别的地方去。"

鸽子带着同情的口气说："说实话，你唱歌的声音的确很难听，我还以为是什么怪物在追我，也怨不得人们都讨厌你，甚至还把你当成不吉祥的动物。其实，你只要稍微改变一下你的声音，或者闭上嘴巴，不要唱歌，人们就会接受你。如果你不改变自己的叫声，即使你现在搬到另外一个地方，也是白费力气，那里的人们照样不会喜欢你。"

今后的人生里，我们要不断地进行自我反省，保持理智，保持自信，永远在前进，每一天都比昨天进步。通过高度自律，不断提升自己的实力，改变自己的人生，若干年后，我们会发现自己已经无所畏惧。

# 没有一种伤痛不能被减轻

无论我们在生命中经历了多少痛苦、失落和沉沦，都不是不能被治愈或摆脱的。尽管过程可能会很痛苦，但最终我们还是会重新回到现实的生活中。

痛苦，乃人生旅途中不可或缺的伴侣。学海的迷茫彷徨、职场的风云变幻、至亲撒手人寰的哀痛，或是疾病突袭的无常，甚至是意外的降临……无论是肉体的折磨，还是心灵的创伤，无一不考验着我们的灵魂。无论痛苦是何种形态，皆是我们必经的历程。

当痛苦如潮水般涌来时，我们常常深陷无助与绝望的深渊，自觉无力承载这份重负，仿佛已达承受之极限。然而，我们必须意识到，我们内心潜藏的力量远超自我认知。那份看似无法负荷的苦楚，是完全能够被我们坚忍的意志所征服的。

罗伯特·巴雷尼小时候因病致残，这对他的打击无疑是巨大的。他对自己的生活失去了希望，脾气越来越暴躁，越来越不愿意出门见人。

然而，他的母亲并没有因此放弃他，而是给予他鼓励。在母亲的帮助下，巴雷尼经受住了命运的严酷打击，刻苦学习，最终考进了维也纳大学医学院。大学毕业后，他致力于耳科神经学的研究，最终登上了诺贝尔生理学或医学奖的领奖台。

生命的每一天，都交织着无尽的苦涩与哀愁，但无论伤痛何其沉重，总有途径能将其温柔地抚平。或许是别人一句温情的话语，或许是一份深切的关怀，或许是一个灿烂无比的微笑。即使我们自己无法战胜，也总有人能引领我们勇敢地直面所有挑战，哪怕前路布满荆棘，我们亦能顽强地生存下去。

时间能够转移和减轻伤痛，但那或许太慢，有时候我们需要一些智慧去减轻伤痛，可以去学习一些方法和技巧。

1. 将内心的感受记录下来，不必在乎语法或用词，只需真实地表达自己的情绪。

2. 给自己一些特别的时光，比如泡个热水澡、阅读喜欢的书籍或享受一顿美食。

3. 观看喜剧或励志电影，笑声和正能量可以提振你的心情，减轻内心的负担。

别让伤痛成为我们前行路上的枷锁，挣脱忧愁的束缚，翻越痛苦的重峦叠嶂。我们失去的每一寸光阴，终将在未来的某个转角，以别样的方式赠予我们无尽的喜悦。

第六章

# 常怀欢喜心，一切皆自在

## 心若知足，生命便是一路春光

老子曾说："知足不辱，知止不殆，可以长久。"得之我幸，失之我命。人们只有在一定限度上保持对欲望的渴求，才能享受到欲望带来的快乐。

在如今这个充满诱惑的时代，人们的心态似乎越来越浮躁，炫富、攀比已蔚然成风。但人们的幸福感似乎在不断下降，纷纷感叹活得太"心累"。殊不知，最好的"修心"方式老祖宗早在千年之前便已揭示明白，那便是凡事要懂得"知足"。

生活中，没有什么事情可以十全十美，也不是什么东西都可以全部拥有。人们常常因得不到的东西或者已经失去的东西而抱怨，但是在拥有的时候却不懂得珍惜，这大概是每个人的通病吧。

命运就像一个调皮的孩子，总喜欢跟世人开玩笑。它给我们生长旺盛的芦荟，翠嫩欲滴，却在一个狂风暴雨的夜晚，因为我们忘记关上窗户，让芦荟被风吹落阳台，摔碎了花盆，摔掉了枝叶。

当我们的内心感到满足时，我们会在生活的每一个角落找到美好的风景。相反，如果我们总是贪得无厌，生活中就会充满陷阱。人生需要经历沉淀和成长，只有心境宁静，我们才能实现远大的目标。虽然人生有终点，但生命却是无限的。

"知足者常乐"，知足是一种智慧的体现，因为它意味着在追求目标时不过分执着于物质和名声，而是懂得欣赏现有的幸福和保持内心的平和与满足。但是知足并不意味着放弃追求进步，而是要在努力的过程中保持内心的平和与满足。这种心态让我们能够更好地欣赏生活中的美好时光，关注身边的点滴幸福，并理解追求内心平静的重要性。

拥有这种智慧的人，能够真正明白生命中最宝贵的东西，如亲情、友情、爱情等，并为拥有这些宝贵的东西而感恩。当我们学会珍惜和感恩生活中的点滴，我们才能真正体会到内心的富足和快乐。

1937 年，杨绛和钱锺书的女儿出生，杨绛的主要任务除了照顾钱锺书的饮食起居和学习之外，又增加了带孩子的重担。每当钱锺书被灯泡不亮、暖壶没水了等生活琐事困扰时，杨绛总能不慌不忙地把这些事情一件一件处理好。

杨绛曾说："保持知足常乐的心态才是淬炼心智、净化心灵的最佳途径。一切快乐的享受都属于精神，这种快乐把忍受变为享受，是精神对于物质的胜利，这便是人生哲学。"

就是这种心态让她在晚年依然保持着令人难以置信的精神状态。年逾百岁的她，不仅每日坚持读书，而且思维敏捷，言谈之间尽显幽默与睿智。

知足者，安于平淡。嵇康曾言："清虚静泰，少私寡欲……旷然无忧患，寂然无思虑。"知足的人，追求的是内心的满足。他们明白，真正的幸福和快乐，不是来自外在的物质财富或名利地位，而是来自内心的充实和满足。因此，他们会更注重精神层面的追求，努力提升自己的内心世界。每一个人都拥有自己的位置，如果我们是骆驼，不必去唱苍鹰的歌。骆驼也可以拥有自己的天空，也可以为这人世间带来温暖和欢乐。

但知足的人并非囿于现状。岁月沧桑，世界繁杂，这世间的万物犹如过眼云烟，只有宁静的心可以倾听爱的声音。人生之旅，最值得欣赏的风景，永远都是自己奋斗的足迹。知足的人并不会因为知足而停止前进的脚步。相反，他们在知足的同时，更懂得如何设定目标、如何努力奋斗。他们知道，只有不断进取，才能让自己的人生更加精彩、更加充实。

生活是一种体验，我们要学会享受它。幸福其实很简单，它可能就是在我们失落、伤心、落泪时，有人毫不犹豫地走到我们身边给我们一个拥抱。要想生活得漂亮，我们需要付出极大的忍耐，不抱怨，也不内耗。这样，我们才能更好地应对生活中的挑战和困难。

知足者，贫贱亦乐；不知足者，富贵亦忧。人生有成就有败，有聚就有散，天下没有不散的宴席，天上没有永远的满月。学会接受残缺，即是对自己最大的负责；学会知足常乐，即是对自己最大的安慰。其实，世间最美的风景就是花未尽开，月未尽圆。

# 常怀一颗感恩心，人间万物皆美好

"天意怜幽草，人间重晚情。"万物有大美而不言，生命有大爱而不语，有时候不是我们忘记了自己的意义，而是知道生命如此。我们要常怀一颗感恩的心，在岁月里相遇相惜。

我们身处时光的河流中，岁月如刀，雕刻着我们的容颜与心境。一岁又一岁，我们的年龄在增长，与此同时，我们的心灵也在时光的磨砺中越发成熟。回首过往，那一段段艰辛与苦难，犹如磨刀石般，将我们磨砺得更加坚韧。正是这些经历，让我们学会了如何在困境中寻找希望，如何在挫折中汲取力量。我们如同蝴蝶，在挣扎中挣脱束缚，展翅飞翔。

岁月虽然在我们脸上留下了痕迹，但它也慷慨地赠予了我们生命的厚重与智慧。这些宝贵的经验和感悟，成为我们前行的坚实基石。让我们怀揣一颗感恩的心，感谢岁月给予我们的每一份馈赠。让我们怀揣一颗感恩的心，继续在时光的河流中砥砺前行，闪耀属于自己的生命之光。

常怀感恩之心能够让我们更加理解自然，看到大自然的神奇、壮丽和千姿百态。在大自然的怀抱中，每个人都可以感受到它的生命和力量。在任何时候，无论是在天空下还是在大海深处，我们都可以获得截然不同的感受。值得我们永远铭记的是，要常常回归大自然，欣赏自然美景，无限感恩自然带给我们的美好和幸福。

生活，如同一幅画卷，描绘着我们的悲喜交加，也见证着我们的成长历程。在这漫长而又短暂的人生旅途中，我们应当心怀感恩，珍视那些与我们相遇的人和事。

"饮水者怀其源。"正是那些在我们身处困境时伸出援手的人，让我们深刻体会到了真情的可贵。他们的无私与善良，如同冬日里的暖阳，温暖了我们的心灵。同时，那些需要我们帮助的人，也让我们在付出的过程中感受到了自己的价值，这种被需要的感觉让人生变得更加充实和有意义。

然而，人生之路并非总是一帆风顺。那些曾伤害过我们的人，虽然给我们带来了痛苦，但正是这些经历让我们更加坚强和成熟。他们教会了我们如何面对挫折，如何在困境中寻找希望。

当遭遇失败或不幸时，我们更应感恩生活的磨炼。正是这些艰难时刻，让我们学会了坚持与勇敢，让我们明白没有什么是过不去的。只要我们心怀感恩，勇敢面对，就一定能够战胜一切困难，迎接美好的未来。

多多关注身边的人，看到他们的善良、真诚、努力，感悟他们的人生之路。每个人都有自己的苦难和坚持，有过去和未来，有自己的梦想和追求。我们要学会换位思考，换个角度看待他人，用理解和同情支持他们，不要忘记感谢他们为我们的生命历程所带来的美好，就像家人、朋友和亲人对我们的关爱和帮助，以及无私的身心付出。时光无语日日话，生命有念时时情。每个人的生命之路都是不同的，但作为一个拥有感恩之心的人，我们应该关注、爱护和尊重周围的一切，让自己充盈，促进自己成长。

# 你热爱的生活里，藏着无数"小确幸"

生活中的每个人都会面临各自的困扰，有人选择积极应对，而有人却习惯于抱怨。生活中的烦恼并非过多，而是我们忽略了那些美好的瞬间，忘记了那些带来幸福的"小确幸"。

在超市冰柜的角落发现自己童年最爱吃的冰棍；和朋友同时开口约对方出去玩，想去的地方正好还是同一个；下班回家路上挑的西瓜碰巧非常甜，瓜皮也非常薄……这些都是我们生活中的"小确幸"，都是生活不经意间给我们的小惊喜，能够让我们享受到一点小小的快乐。

快乐，其实是每个人与生俱来的能力。当我们去品味牛奶的温度，感受面包的香气，享受晴天的惬意，体验雨天的乐趣时，内心便会涌起一种难以言喻的满足感。这种满足感便是快乐的真谛，它并不遥远，也不难寻找，关键在于我们是否拥有一颗善于感受的心。只要我们用心去感受生活中的点滴美好，快乐便会如影随形，陪伴我们度过每一个时刻。

成年人的世界确实充满了挑战，每个人的生活都有其不易之处。然而，正是这些不易才使得生活中的每一份"小确幸"显得格外珍贵。它们如同生活赠予我们的小礼物，虽小，却能带来真实而温暖的触感，细腻而确定的幸福感。

海桑有一首小诗：

"你呀你，别再关心灵魂了，那是神明的大事。你所能做的，是些小事情，诸如热爱时间，思念母亲，静悄悄地做人，像早晨一样清白。"

当我们在忙碌的日常中，偶尔感受到这些"小确幸"，它们就像是一束束温暖的阳光，穿透了生活的阴霾，照亮了我们的心灵。如果你能够常常感受到这些"小确幸"，那么它们汇聚起来的力量将是巨大的，足以让我们感受到生活的大欢喜。

我们要学会寻找生活中的"小确幸"。有人说："冬天来了，天就冷了，褪去浓墨重彩，只留枝干凛凛，万物冬藏，适宜谦卑，适宜重新珍惜平淡朴素的事物。"返家路上，阳光满地，金黄的落叶在路上跳着舞。坐在车里，我们爱的人和爱我们的人都在身旁，心中很平静，没有什么烦恼来打扰。楼下的流浪猫在自己的电动车上留下了可爱的爪印，耐心地把爪印擦掉后，发现"作案"的流浪猫就躺在自己脚边撒娇。

经常微笑，给我们自己一个心理暗示，不管遇到什么困难，微笑面对，再糟糕的生活总能过去。安静且愉快地接受人生，生活虽不总是一帆风顺，却也不至于永远困顿不前。微笑，便是我们走出困境的利器，更是让我们触摸幸福的温柔之手。

学会记录美好。生活中处处闪烁着难忘的光点，如节庆的喜悦、旅途的奇遇、友聚的欢腾，抑或是与亲朋共度的温馨片刻。将这些美好瞬间定格于文字或者影像，我们便能穿越时光的长河，再度回味那些独具韵味的心境。

生活明朗，万物可爱。想要生活幸福，就从发现生活中的这些简单的"小确幸"开始吧。

# 悦纳自己，是人生最重要的修行

三毛曾说过："一个不会悦纳自己的人，是难以快乐的。"一个人越懂得悦纳自己，越能做出最好的选择。懂得悦纳自己的人，才会深刻地明白，自己的人生最重要。

在日常生活中，为了满足父母的虚荣心和期望，我们努力向上；为了赢得领导的一句赞许和欣赏，我们全力以赴；为了能够脱颖而出，光耀门楣，我们不断地违背自己的本性和兴趣；为了追求一定的利益，我们隐藏了自己真正的爱好和需求。

在《雷雨》中，年仅18岁的繁漪嫁给了年长她20岁的周朴园。尽管两人门第相当，周朴园又英俊潇洒、成熟稳重且学识渊博，但繁漪的婚姻之路并非坦途。繁漪怀揣着对爱情的美好憧憬踏入了周家，却没想到自己只是周朴园生命中众多过客中的一个。婚后的幸福生活并未如期而至，周朴园对她的爱并不真挚，反而试图将她牢牢掌控在手心里。他对另一个女人的思念与回忆更是让两人的关系雪上加霜。

在周家，繁漪感受到了前所未有的孤独与绝望。她的内心如同荒原一般荒芜，除了无奈地接受命运的安排外，她别无选择。

直到周萍出现，繁漪仿佛抓住了救命稻草般疯狂地爱上了他。然而，她并未料到这竟是她人生中所犯的最大的错误。周萍的背叛将她推向了更黑暗的深渊。

其实繁漪本有机会自救，但她却选择了放弃。她将自己的命运与周家两代人的命运紧紧捆绑在一起，最终只能接受悲惨的结局。繁漪的一生，一直依附在他人身上。

张爱玲说过，有美的身体，以身体悦人；有美的思想，以思想悦己。取悦别人，是一种生存的需要；取悦自己，才是最佳的生活态度。即使生活有一万个理由让自己哭，也要找一个理由让自己笑。

生活，无须过于刻意追求，对于那些力所不及的事情，不妨坦然放下；他人的闲言碎语，就让它如过眼云烟般飘散。在这漫长的人生旅程中，我们无须刻意去迎合他人，真正重要的是学会善待自己，深深爱着自己。如果我们学不会释怀，那么即使身边围绕着再多的人，也难以帮我们走出困境。

悦纳自己，是对自身价值的深度认可，是对天生短板的善意弥补，是对后续努力不足的深刻反思，是对未来美好生活的热切向往，更是对自我存在意义的密切关注。时光荏苒，我们应当与令自己心动的人共度时光，珍视自己，勇于改变现状去追求自己想要的生活，哪怕历经艰辛，也始终坚守初衷，朝着正确的方向不懈前行。

懂得悦纳自己的人，才会不断提高自己的人生满意度，才会自动自发地为自己的人生做出最好的选择。那么我们应该怎么做到自我悦纳呢？

生活之中，一半是生存的必需，一半则是攀比的诱惑。珍视自己，便应摒弃那无意义的较量。那些痴迷于攀比的人，往往心中充斥着功利与得失之虑。或许，在他们眼中，唯有在与他人的比拼中，方能寻觅到自我的存在，进而宣示所谓的自我价值。然而，他们未曾意识到，这种攀比恰是心理失衡的外在表现。自信之人，通常不会投身于这场无谓的竞争，因为他们深知，每个人都是独一无二的风景，你有你的壮丽，我亦有我的风采。

悦纳自己，就不能活在别人的眼中。不以他人之见约束自己，勿设过高的标准苛求自身，竭尽所能，全力以赴，发掘内在潜能，力求自我满足。与其在他人的评价中丧失欢愉，不如在自我成长中收获点滴进步。人皆非圣贤，孰能无过？我们可制订完美的计划，却永远无法收获完美的结果，否则，人类将无进步之空间。

我们怎样度过一天，就会怎样度过一生。不开心是一天，开心也是一天，为什么不让自己在开心自洽的状态里过好每一天呢？有时候不如意，是因为你活在了一个不适合你的模式里。我们终其一生的修行，不过是找到自己，悦纳自己，遵从内心真实的想法。不给他人带来烦恼是慈悲，不给自己增加烦恼是智慧。

# 第七章

# 心安事无问，心定菜根香

## 世界纷纷扰扰，用心过滤烦恼

> 心浮则气必躁，气躁则神难凝。我们只有拥有一颗平静的心，
> 才能隔绝世界的喧嚣，守一寸清净地，不为外物所扰。

手机上看书、听书的便利让我们更充分地利用了碎片化时间，可我们有多久没有静下心好好读一本纸质书了？微信、电话让人与人之间的联系更加方便，可我们有多久没有和自己的家人平静地坐在一起说说话、看看电视了？

在这个纷扰的世界里，我们时常会被各种情绪所牵引，其中最为棘手者莫过于浮躁。它如同一场无形的迷雾，让人难以稳住内心的平静，变得盲目、浅薄，甚至暴躁。一旦陷入这种心境，便可能在不自觉中失去自我，迷失在人生的十字路口，任由宝贵的时间和生命在慌乱中消逝。

有些人甚至因为他人的一句批评而陷入自我怀疑，被他人的评价所左右，进而产生烦恼、痛苦和愤怒。然而，那些说出口的话，不过是过眼云烟，毫无分量。

为何我们的内心会因此受到如此大的冲击？其实，原因在于，内心不稳定的人容易被外界的风吹草动所牵动，陷入烦恼、遐想和不安之中。

林徽因是民国时期的才女，她的才华和容貌受到很多人追捧。在徐志摩的热烈追求面前，林徽因始终保持着内心的宁静。

她在给胡适的信中坦言："我并不会因诗人的赞美而沾沾自喜，也不会因他人的爱慕而感到羞耻。我始终是我，即便被诗人赞美，我也不会因此变得更好或更有能力。"

当金岳霖的爱意公之于众，面对外界的流言蜚语时，她依然保持着沉默与冷静。她向丈夫袒露了自己的心迹，这一举动不仅巩固了她的婚姻，也让她赢得了和金岳霖之间珍贵的友情。

在人生最困苦的时刻，林徽因在写给费慰梅的信中说道："我们伤痕累累，历经磨难，身上留下了或好或坏的新印记。我们不仅经历了生活，也承受了生活的重压。虽然身体受损，但我们的信念依旧坚定。现在我们深知，生活中的苦与乐实则是相伴相生的。"

即便在病重之际，林徽因依然热情地款待友人，一边谈笑风生，一边与死神抗争。她的洒脱与从容让她在纷繁的世界中找到了自然的宁静，修得了内心的平和。

生命之最高境界，乃是在纷繁杂乱之中保持内心的平静。能够沉淀心灵，抵御外界诱惑，既是一种素养，亦是一种内在品质。

当心灵宁静时，往昔纷争皆可暂且搁置、晾晒，维持内心的宁静，你将寻觅到最初的自我，聆听到动听的乐章，探寻到宁静岁月中的美好时光。

如果感觉自己的心安静不下来，不如试试下面的办法：

身边常备一个毛茸茸的挂件或者小玩偶，如果感到烦躁就揉一揉。通过抚摸柔软的公仔或其他柔软物品，可以让人感觉到安心，这是因为这些行为能促使身体分泌催产素和内啡肽，从而让人感到愉悦和宁静。

当因为某一件事情感觉到不安、焦虑、浮躁时，可以通过梳理的方式将烦恼逐渐驱除。将事情原原本本地记录下来并且在记录的过程中思考自己该怎样去处理，这样梳理一下可以让情绪逐渐得到安抚。

不要在太多选择中徘徊不决。"多的选择"不等于"在选项中徘徊"。在不断的选择中，我们容易忽略本意、变得浮躁，以至于迷失方向，最终变得习惯性地浅尝辄止，导致一事无成。要知道，最终心满意足的人，都是那些专一的人、心静的人。他们要尽心尽力地完成自己所选，不再浪费时间理会另一种可能。

安定是一种品格、一种尊严、一种善良，它澎湃在心灵深处无声地鼓舞着人的高尚，展示生命活力，从不肆意张扬。宠辱不惊，看庭前花开花落；去留无意，望天上云卷云舒。心静时，过往的纠缠都可以搁置在一边。

# 不用管别人说什么，你只管把自己的事做好

"宵行者能无为奸，而不能令狗无吠也。"这句话的意思是说，走夜路的人，无法让狗不对着自己乱叫，但可以把自己的事做好。

人生在世，我们既是观察者，也是被观察者。每个人背后总会有闲言碎语，也会有赞誉之言。如果我们还要过分在意他人的言论，试图成为别人眼中的完美人设，那无疑会让我们更加艰难。

那些外界的声音，并不值得我们过分关注。关键在于坚守自我，跟随内心的指引。外界的评价不过是过眼云烟，无须为其所动。我们每个人的人生轨迹都是独一无二的。我们选择自己的道路，承受所经历的痛苦，无须寻求他人的认同。生活的圈子各有不同，无须强融；思维方式各异，也无须执着于一致。

数学家王章程在加州大学毕业后，选择了一条不同寻常的道路。当他的同学们纷纷投身于大财团的怀抱时，他却毅然决然地加入了加州的一个私人研究室，开始了长达 10 年的漫长探索之旅。在这 10 年间，他虽然只有微薄的收入和简陋的生活条件，但他的内心却充满了对数学的热爱和对未来的憧憬。

30 岁那年，王章程的生活似乎仍然波澜不惊，甚至有些清苦，连房子都买不起。然而，正是在这样的环境下，他的毅

力和智慧却在默默积累，等待着爆发的那一刻。

终于，在35岁那年，王章程迎来了人生的转折点——他攻克了世界数学界的两大顶尖难题，这一成就不仅为他赢得了国际声誉，更让他成为数学界的璀璨明星。

我们身处各异的环境，经历着各自不同的人生篇章。因此，我们难以完全理解彼此的内心世界，也无法替对方分担生活的重担。无论生活给予的是甘甜还是苦涩，我们都得独自面对，默默承受。鉴于他人无法与我们共度艰难时刻，我们又怎能期待他们为我们的人生做出选择，规划我们的角色呢？

若真需要有人在人生的画卷上为我们增添色彩，那么执笔者必定是我们自己。

凡事但求在我，问心无愧，才能活得坦然，活得轻松，活得有模有样。不受外界的影响，才能专心活出最好的自己。人生在世，要遵守规矩，清白做人，干净做事。为人处世，胸怀要坦荡，不招惹是非，与坑蒙拐骗、偷奸耍滑划清界限。俯仰之间，问心无愧，上对得起天地，下对得起良心。无论别人如何议论我们，我们知道自己没有做错就行了。

不去在意别人的看法，就要停止寻求外界的认可和赞扬。寻求认可和赞扬是人类的天性，但过度依赖它们会使你陷入无休止的需求循环。我们要尝试关注自己内在的动机，做自己认为正确的事情，而不是仅仅因为别人会赞扬你。

人生苦短，何必为别人的看法而烦恼？只要我们行得正，坐得端，时间自然会证明一切。那些无谓的担忧和忧虑，只会让我们失去前进的动力。

# 抵制诱惑，坚守内心的纯净

唐朝诗人李白曾写下"乍向草中耿介死，不求黄金笼下生"，表达自己对名利的藐视。内心纯净的人，视荣辱为平常，视得失为平常。有的东西多一点不一定好，少一点也不一定不好。

人类天生具有强烈的占有欲，这源于内心深处无穷的欲望和对现状的不满足。从孩提时代到垂暮之年，我们的人生旅程中始终伴随着形形色色的诱惑。这些诱惑如同隐藏的陷阱，悄无声息地影响着我们的每一个决定和行动。

诱惑，犹如一坛陈年佳酿，初尝时甘甜醇美，令人陶醉；再品时，口感细腻，回味无穷。然而，当我们沉迷于这份美味，不知不觉间便可能陷入其中无法自拔。

钩中挂蠹以捉鱼，笼里藏肉以捕鼠，瓮下存谷以囚雀，草上有蜜以食蝇，从这四种行为中可以看到，这些动物为了小利而不惜失去生命，我们人类中也不乏此类情形。君子固然爱财，但是取之必须有道，绝不会因受诱惑而置生命于危险之中。

《西游记》中的猪八戒在还是天蓬元帅时就没有抵住自己的欲望。一次宴会之后他喝醉酒调戏嫦娥，依天庭律例本该处

决，是因太白金星出面求情才免了死罪，被玉帝打了两千锤，
贬下凡间。

在高老庄时他又贪图高小姐的美色，装成大汉在高家干活
儿。娶高小姐那天，猪八戒露出自己的原貌，吓坏了高家人。
高家想要退亲却被拒绝，猪八戒还把高小姐锁在后宅。

路过的唐僧和孙悟空接了高家的请求，孙悟空好好戏耍
了猪八戒一番。即使是被菩萨点化，猪八戒能跟着唐僧去西
天取经，他还想着万一以后和尚做不成了便回高老庄继续做
上门女婿。

为什么我们很多时候像猪八戒这样无法抵制住诱惑？一方面，当
我们向一个目标开始奋进，每前进一小步，感觉自己进步的时候总会
想得到奖励、得到补偿，正是这种冲动常常让我们失败。因为当我们
取得进步时，我们总会获得道德上的优越感，而这种优越感让自己不
去质疑自己的冲动，忘掉自己的目标，不知不觉地向诱惑屈服。

另一方面，我们的延迟满足能力还不够。我们有时难以将视野放得
更宽广，仅仅聚焦于眼前的得失。这种目光短浅的做法恰恰是导致我们
在诱惑面前容易失去控制的一大原因。

哲学家勃朗宁这样说过："一个人一旦打响了征服自己的战争，他
便是值得称道的人。"拒绝诱惑，可以让我们前进的步伐更加稳健。尽
管安宁的生活可能是许多人追求的目标，但想成为像陶渊明那样的人物
的毕竟是少数。每个人都有自己心中的理想，并为之不懈奋斗。在追求
梦想的过程中，当我们取得一定的成就时，鲜花和掌声便接踵而至。

然而，面对这些成就，一些人选择继续前行，最终实现了目标；而

另一些人则因沉迷其中而不能自拔。造成这两种不同结果的根本原因在于他们面对诱惑的态度不同：前者坚决拒绝了诱惑，后者则被诱惑所迷惑。正是这种截然不同的态度，决定了他们最终的成功与否。

> 在20世纪40年代的中国，人们的生活条件异常艰苦。清华大学中文系主任朱自清一家，每日仅以稀粥果腹。当时，由于美国对中国的不公正指责，许多学者选择拒绝接受美国的救济粮。
>
> 朱自清尽管身患重病，但毅然决然地加入了这一行列。他躺在病榻上，用他那已经虚弱的手，一笔一画地在拒绝购买美国面粉的声明书上写下了自己的名字。他临终前还不忘嘱咐家人，要继续拒绝美国的救济粮。

信念犹如照亮前路的灯塔，是我们在诱惑面前坚定不移的精神支柱。那些怀揣坚定信念之人，即便面临再大的诱惑，亦能保持理智的头脑，坚定不移地守护自己的原则。他们深知，真正的幸福与满足源自内心的宁静与充实，而非外界的虚名与浮华。故而，我们应时刻铭记自己的信念，让它引领我们前行的方向。

此外，我们必须掌握拒绝的艺术。拒绝并非胆小怕事，而是一种深邃的智慧与无畏的勇气。我们应学会抵制那些触及我们的底线的诱惑，这并不是要我们对所有机会和挑战都避而远之，而是要我们具备明辨是非的能力，挑选出那些真正符合我们长远利益的事物去付诸行动。

# 不要因为走得太远，而忘记为什么出发

世人经常会因千变万化的生活而乱了脚步、失了方向，偏离了人生的轨道，甚至违背了自己的原则。这是因为我们走得太远，而不知所起，忘记了自己最初的梦想。

很多人在成长过程中，受到家长和老师的鼓励，立下了远大的志向："我想要做火箭设计师""长大了我要设计出漂亮的衣服给所有人穿""我以后要成为一个大作家"……

然而，随着年龄的增长和生活压力的增加，他们逐渐失去了自我，当初的志向也渐行渐远。在这样的生活中，人们忙碌地度过每一天，留下了岁月的痕迹。那些被冠以理想或梦想之名的心之所向，往往在日常生活的喧嚣中，只能作为茶余饭后的遐想。

立志不坚，终不济事，我们在一天又一天的消磨中忘记了初心的重要。初衷，这个词蕴含着深邃的哲理，它绝非仅仅是一个表面的动机或起点，而是我们行事、为人的根本信念，是我们继续前行的核心驱动力。在这个时代，很多人都忘记了自己的初心是什么。

小歌跟随自己的师父苦练了八年厨艺，终于出师。他决定回到自己的家乡开一家饭馆，自己做主厨。他离开之前和自己的师父说："师父，我一定要让吃到我做的菜的人都赞不绝口。到时候他们问我师承哪里，我可以昂首挺胸，自豪地说出我是您的小徒弟！"

起初，小歌的饭馆用料新鲜、价格公道、做法讲究，小歌严格按照师父交给自己的技法来做菜。

小歌的钱越赚越多，他的饭馆名气也越来越大。他自己却很少再下厨了，除非是什么大人物，他才会亲自动手炒两个菜。为了降低成本，他还重新选择了一家品质没有那么好但更加便宜的供货商。

慢慢地，一些老顾客不再来吃饭了。一位记者在做饭馆的采访时遇到了一位老顾客。他说："现在小歌的饭馆已经完全变了，不再是最初的味道了。可是我到现在还记得，我第一次吃到小歌做的葱烧海参时，大葱咸香清甜的味道。"

我们因忘却了初心，行走在人生的十字路口，被琐碎的生活所困，却失去了仰望星空的激情；我们因忘却了初心，已不记得从何而来，往何处去；我们因忘却了初心，在岁月的流转中，常常听到悔恨的心声：若能当初不轻言放弃，若肯付出刻苦的努力，若有恒心与毅力的坚持，我们定不会沦落至此。

以不同的心态来观察这个世界，我们所领悟到的观念自然也会有所区别。唯有坚守初心，我们才能从所观察到的事物中汲取对自己有益的智慧。愚人逐渐忘却初心，一生追求成为他人；而智者则始终牢记初心，将他人视为学习的榜样，最终成就了自己。

在这个世界上，许多事物我们难以完全理解，唯有秉持初心去看待，才能从中吸取真正有价值的部分。若我们抛弃初心去观察世界，终将逐渐失去自己的个性。怀揣初心去认知世界，才是我们闯荡这个世界的最佳途径。

> 在敦煌有一位身着蓝色工作服的老人，即便已至耄耋之年，依旧穿梭在洞窟之间，他就是被誉为"壁画医生"的李云鹤。
> 一生致力于壁画修复的他，修复壁画面积超过4000平方米，更创新了众多的壁画修复技法。他坦言："我这辈子，对文物的心从未有过动摇。"这份执着与坚守，正是对初心最生动的诠释。

随着时光的流转，我们或许会察觉到初心与现实的摩擦。为了迎合周遭的环境、迎合他人的期待，我们可能会不自觉地偏离最初的那条道路。然而，我们一旦觉醒，便须暂停脚步，重新审视自己的价值观与人生规划。

追寻人生的精彩，并不代表我们要舍弃初心。恰恰相反，我们应当将初心融入生活的每一个角落，让它成为我们追求卓越的动力源泉。唯有如此，我们才能在人生的征途上行得更稳、更远。

无论我们漫步至何处，切莫忘却那启程时的初衷。即便路途充满荆棘，我们也须铭记初心的力量，体悟旅途的绚烂与深远。

在此征途中，让我们悉心感知每一刻，珍视每一段际遇，塑造一个坚毅且果敢的自我。唯有如此，我们方能寻觅到生命独有的答案，寻得内心的安宁与欢愉。

# 第八章

# 修得慈悲心，福报自然来

## 与人为善，世界也将温柔待你

"善人者，人亦善之。"在人生这场跌宕起伏的旅程中，我们会逐渐领悟到善良的力量。持续怀揣着善良之心，并将其付诸行动，世界也将对我们报以春风。

生活中，尽管我们深知彼此渴望爱的温暖与温馨，然而，我们往往却选择用毫无根据的猜疑，将这份深沉的爱冻结在冰冷的面具之后。其实，如果我们真诚而慷慨地奉献出自己的善意，我们不仅能够触动他人的心弦，更能收获一份意想不到的温馨与感动。

作家冷莹曾说："若人与人实在是需要保留一些距离，不如就成全彼此的光彩照人。因为你对别人的好和善意，最后成全的都会是你自己。"

在短片《我们都有这样的时候》中，有一个老妇人的车在公路上抛锚了，她自己携带的工具不能修好车，而修车师傅很久都没有过来。时间一分一秒地流逝，就在老妇人万分焦急之时，一个男人恰好经过，出于善心，他帮老妇人修好了车。

男人的衣着虽然干净整洁，但能看出来过得比较拮据。老妇人想要多拿一些钱来答谢他，但他却拒绝了，只是留下了一句"我们都有这样的时候"，便默默离开了。

确实，出门在外，谁都会有遇到困难的时候。

之后，老妇人开着车，随机选了一家餐厅吃饭。她发现，给自己点菜的服务员是一个挺着肚子的孕妇。虽然肚子已经很大了，但她的手脚依旧很麻利，三下五除二帮老妇人点好了菜，两分钟后就先给老妇人上了前菜。

老妇人走时给了女人一大笔小费，想要帮她减轻一些生活的压力。她对孕妇说："我们每个人都会有这样的时候。"

女人回家后才发现，原来那个帮老妇人修车的男人就是她的丈夫。


宫崎骏说："心存善意，定能途遇天使。"善良就是一场有序的轮回。其实，我们所遇到的惊喜和好运，都是我们曾经积累的温柔和善良。一个善良的人，一个总是会为别人着想的人，一定会为自己积攒福气和幸运。善良有时候像一股神奇的力量，你向别人传递了善意，别人也会把所有的好记在心里。

罗曼·罗兰曾说过："只要还有能力帮助别人，就没有权利袖手旁观。"人生在世，谁都会遇到难处，都会经历低谷。你的善意，也许可以给一个绝望的人带去希望。

一个男孩从安徽最贫困的山村里，考上了无数人梦寐以求的清华大学。但男孩的烦恼大过梦想成真的喜悦——每年的学费和住宿费加起来就要将近6000元，这还没有算上他需要的生活费。钱，成了这个男孩求学路上最大的阻碍。

男孩申请了贫困生助学金，再加上学校发的奖学金，每年大概有13000元钱。扣除学费、住宿费，又咬牙买了一台必需的电脑，男孩手里只剩下了3200元，这些钱将是男孩未来8个月的生活费。

刚进大学的时候，班里组织过一次出游活动，每个人要交150元。男孩因为拿不出来150元，便推辞说有事，没有参加活动。班级的纪念册里，第一次出游的照片没有自己成了他最大的遗憾。

男孩明明是清华园里最困难也是最需要捐助的那批人，但他不仅拒绝了学校的资助，每学期还省吃俭用资助了他的家乡的4个贫困孩子。每学期回家他都会去看望他们，给4个小家伙讲述外面的世界，让他们知道外面的样子。

"是所有人一起的努力，帮助我找到如今的工作，开始未来的生活。我接受了这一切，那么我就该做出相应的回报，匹配我的德行，去资助像我一样的孩子。"

因为自己淋过雨，所以总想着替别人撑伞。因为自己在最艰难的时候曾受到别人的恩惠，所以在自己有能力以后，也想去帮助他人。

以我来时路，赠你沿途灯。有时候给别人撑伞，就是在安慰曾经那个淋雨的自己。

# 予人玫瑰，手留余香

"予人玫瑰，手有余香"这句话出自印度古谚，寓意为只要帮助别人，自己也会从中得到快乐。当我们真心地付出，将手中的玫瑰赠予他人时，我们不仅为对方带去了芬芳，也会为自己留下余香。

"助人者，人恒助之。"失与得是一种很奇妙的东西，有时候看似是失去，实际上是另一种得到；有时候看似是得到，却是另一种失去。施舍就要不畏失去，勇于给予。在这个过程中，我们不仅能够帮助他人，更能收获内心的平和与喜悦。每一次的给予，都是对自我价值的确认，也是对生活真谛的深刻理解。

在一个英国乡村，生活着一个名叫弗莱明的农夫。有一天，他听到了远处传来的呼救声。这声音如此之急促和恳切，以至于弗莱明毫不犹豫地扔下了手中的农具，朝着声音传来的方向跑去。原来，是一个小男孩不慎跌入了沼泽中，正在苦苦挣扎。弗莱明立刻伸出援手，将小男孩从危险的沼泽中救了上来。

两天后，一辆马车缓缓停在了弗莱明的家门口。从马车上走下来一位绅士，这位绅士正是被救小男孩的父亲，他此行是特意来感谢弗莱明先生的救命之恩。在两人交谈的过程中，又一个男孩从外面走了进来。

在得知这是弗莱明的儿子后，绅士随即提出了一个令人惊讶的建议："不如让我们订立一个协议吧。我将带走您的儿子，为他提供良好的教育机会。我相信，他将来一定能成为一个有出息的人。"

弗莱明同意了绅士的建议，后来他的儿子被送到了圣玛利医学院深造。在那里，这个男孩不仅学习了医学知识，而且最终成为一位杰出的医学家和细菌学家。1928年，他首次发现了能造福全人类的青霉素，人们记住了他的名字——亚历山大·弗莱明。

索取带来的满足感叫快乐，付出带来的满足感叫幸福。法国作家拉布吕耶尔曾说："最好的满足就是给别人以满足。"你把最好的给予别人，就会从别人那里获得最好的，帮助他人就是帮助自己。你帮助的人越多，你得到的也越多。你越吝啬，就越一无所有。只有付出得越多，我们的内心才越充盈，幸福感才越强。助人不仅是付出，也是收获。

付出甘之如饴，所得归于欢喜。"待人应似春风，处事须像夏莲，律己宜带秋气，利他犹如冬阳。"自私者自绝于人，利他者才能广纳人缘。为他人留个位置，凡事让利三分，这是一个人的长远眼界。在人生的路上，大家仔细体验会发现：快乐多了以后，人会变得空虚；幸福只要有一点点，人就会变得特别充实。

帮助他人还能让我们学会感恩和珍惜。当我们身处困境时，如果能够得到他人的帮助，我们会深感感激；当我们去帮助别人时，我们会更加珍惜自己所拥有的。

水菲在国庆节参加了社区志愿服务活动。她认真准备了两个节目，以便在去敬老院时表演给众多的老人看。在水菲陪着老人说话时，一个老奶奶告诉她，她的孩子都在国外打拼，一年都不一定能回来一次，自己已经很老很老了，身体也不太好，不知道什么时候就会离开这个世界，可能在她离开的时候，她的孩子还是回不来。

水菲忍着哽咽告诉老奶奶她一定可以长命百岁，等孩子退休回来照顾她。水菲用尽浑身解数逗几位爷爷奶奶开心，让他们度过了非常愉快的一天。

回到家，水菲抱着自己的妈妈久久没有说话，直到妈妈嫌弃地把水菲推开，自己去做饭了。幸好，幸好水菲自己就在本市工作，没有离家太远；幸好，幸好水菲还有很长的时间可以陪自己的爸妈。

不需要昂贵的代价，也不需要刻意的准备，一个小小的善举，一次简单的举手之劳，便能够在不经意间为我们带来意想不到的收获。这些小小的举动，如同春日里绽放的花朵，虽然不起眼，却能够散发出迷人的芬芳。

偶尔，一个发自内心的微小善举，亦能构筑起宽广的爱之舞台。摒弃对他人的怨恨，积极助人，关爱众生，如此，我们方能在人生旅途之中，拥有万里晴空。

# 勿以善小而不为，勿以恶小而为之

"君子不谓小善不足为也而舍之，小善积而为大善；不谓小不善为无伤也而为之，小不善积而为大不善。"垒土成山，纳川成海，积善成德，再小的善事也要做，再微小的善举也会给别人带来帮助。

这些小小的善行，对我们自己可能只是举手之劳，但对他人却可能产生巨大的影响。想象一下，一句夸奖的话可能激励一个失去学习动力的孩子重新振作，一个微笑可能让一个濒临绝望的人感受到人间的温暖。只有心中充满善意，我们的生活才会充满爱与关怀。只要是善，即使是小善也要做；只要是恶，即使是小恶也不能做。

大为在退休后搬进了一个新的小区，他收集了一百多把伞，在十几栋楼的楼道内设置了"共享伞之家"。

大为说："有时候出门倒垃圾、取快递，或去小区门口买点东西，走到门口才发现下雨了，再回家拿伞难免折腾。在这里放几把伞，邻居们可以随取随用。"

最初，雨伞常有丢失，大为需要不时补充。他还会捡邻居丢弃的伞，清洗干净后供大家使用。后来，邻居也会把一些闲置的伞挂到"共享伞之家"，方便大家取用。

"善无大小，贵在肯为。"在地铁上，当我们遇到年迈的老人、年幼的孩子、行动不便的孕妇，或是其他需要帮助的人时，我们可以主动让出座位、递上纸巾、扶持站不稳的乘客，或者协助携带繁重行李的人。这些看似微不足道的善举，实则及时传递了人与人之间的关爱与温暖。

举手之劳，能迅速令人与人之间的温度变得滚烫；凡人善举，有一种打动人心的力量。善事无大小，小小的善举，解决难言之隐。送人玫瑰，手留余香，善小同样可以温暖人心、感动人心。

行善之人，无论行走坐卧还是一颦一笑，一举一动皆显善良之美。善小而为，终成大德。哪怕是一句简单的问候、一抹微笑，甚至是一个温暖的目光，都是善的体现。细微之处见真情，小处着手，正是善行的真谛所在。

小泉上班的必经之路上，有一段路坑坑洼洼，非常难走。一天，整整下了一夜暴雨还没停，小泉顶着暴雨骑着电动车去上班。他发现这段路已被水淹没，完全看不清路面。只是等红绿灯的几十秒时间，他就看见四五个人被看不见的坑颠得差点翻车。

离上班还有一段时间，小泉干脆摸索到记忆中下水道的位置，拿路边掉落的大树枝捅开了被堵塞的管道口。路面上的水很快就退下去了，这下大家终于能看清路面了。

路过的行人都对小泉竖起大拇指。小泉摸摸头，很快就离开了。

小泉经常做这样微不足道、力所能及的善事，慢慢地他的人缘越来越好，很多人都愿意和他做朋友。

行善犹如织就善缘之网，每一桩善举都在悄然间提升着个人的灵魂境界，凝聚成一股强大的气场，散发着令人亲近的魅力。正是因为这股由内而外的善之力，人们会自然而然地被吸引，愿意靠近。

每个人都有自己的长处与短板，因此，我们帮助他人的方式也各异。那些能力出众的人，能够承担起更大的责任，为更多的人带去希望，特别是那些处于困境中的人们。然而，那些能力有限的人也不必妄自菲薄。即使只能做些微不足道的小事，只要是出于善意，同样具有价值。每一个善意的行为，无论大小，都能收获他人的感激，让世界更加美好。

百善成德，再小的善我们也不要忽视。"日行一善"的意义就在于积少成多，汇涓滴为江河，开始不明显，其后善果越来越明显。重要的是，"日行一善"人人都能够做，并且能够坚持做。下面分享几个我们在生活中随手就能做的善事：

1. 经过走廊或是坐扶梯时，靠右行走、站立，将左侧通道让出来。

2. 看到好的文章或是视频积极转发，传播正能量。

3. 了解急救常识，哪怕你一辈子都没机会用上。

4. 离开餐馆前，帮服务员收拾一下餐桌上的残局。

5. 不要吝啬你的赞美，找到合适的词赞美不同的人。

善良就像一束鲜花，含苞待放，给我们带来惊喜，不知道何时会绽放在我们的生命里，带给我们经久不散的芬芳与感动。一个人可以一贫如洗、一无所有，却不能丢失内心的那份善良与真诚。

# 最大的善良，是懂得体谅别人的不易

纪伯伦曾说："一个伟大的人有两颗心：一颗心流血，另一颗心宽容。"很多时候，最大的善良不是表面上的，而是能够一个人面对世间所有的一切，是懂得体谅每个人的辛苦。

在这个纷繁复杂的世界中，每个人都在面临各自的挑战与困境。尽管我们可能无法完全体会他人的艰辛，但至少应当学会换位思考，给予他们应有的体谅。

1926 年，梁启超因尿血病久治无效，踏入协和医院寻求手术割治。彼时，西医在国内尚未广泛传播，民众对西医仍有疑虑。手术后的梁启超病情并未明显好转，尿中依然带血。因此，众人纷纷质疑协和医院的手术存在失误。

徐志摩等文人纷纷挥毫抨击协和医院，引发了社会的广泛关注。眼见事态越发严重，梁启超连忙在报纸上发表文章，为协和医院辩护："自出院以来，直至今日，我仍坚持服用协和之药物。尽管病情尚未痊愈，但相较于手术之前，确实有所好转。"

对于那些我们未曾涉足的工作与领域，切勿轻易评价他人的成败得失，因为我们难以估量他们所承受的压力之重。面对陌生人的善意与援助时，我们应心怀感激，而非视之为理所当然，因为他们的善举本非必须，而真诚的感谢却能温暖人心。在冲突与隔阂面前，我们不应一味地指责对方，或许正是我们的态度与表达方式让他们感到不适。

在人际交往中，体谅是最为珍贵的品质。当我们真诚地去体谅他人时，他们也会以同样的方式回馈我们。只有当我们更多地为他人考虑时，别人才会愿意为我们着想。在相处中学会换位思考，不再固执已见，这样不仅能让自己感到舒适，还能让他人感受到被理解与被关怀的温暖。

懂得体谅别人是一个人最高的情商。情商越高的人，越懂得体谅别人，越会顾及别人的感受。他们懂得换位思考，懂得尊重别人的不易和努力。一个善于体谅之人，必然富有同理心，他们至少拥有洞察他人的行为与情感的能力。这种能力不仅是对自身情绪管理的考验，更是对他人情感的理解与局势的把控。

人与人之间的谅解与体贴，实则是相互的。给予他人一份温情，抑或是多一份真挚的关怀，哪怕只是简短的一句话语，也定能触动他人的内心。

在人际关系中，换位思考与推己及人不仅是一种美德，更是一种难得的修养。通过站在对方的立场上思考问题，理解他人的不易和感受，能够给予人性深切的体谅和关怀，这是一个人展现其善良品质的最重要的方式之一。

# 养心篇

# 第九章

# 有心宽似海，才有风平浪静

## 不过度自醒，原谅犯错的自己

有人说："一个人之所以快乐，不是因为他拥有的多，而是因为他计较的少。"很多时候，困难不可怕，人生也没那么痛苦，可怕和痛苦的是心胸放不开。我们的心胸宽广了，痛苦也就没那么明显了。

每个人的痛苦都是有限的，但为何有些人感到痛不欲生，而有些人则能淡然处之？答案就在于我们内心的"容器"大小。当我们把承受痛苦的容器扩大，那些曾经让我们痛苦的事情，便会变得不再那么沉重。

因此，当我们感到痛苦时，不妨尝试着扩大自己内心的容器。通过成长、学习和心态的调整，我们可以逐渐增强承受痛苦的能力。我们这样做时便会发现，原本苦涩的盐水已变成了清凉的湖水，而我们的内心世界也因此变得更加宽广和宁静。

曾经有一位大师，他有一个总是满面愁容、满腹牢骚的弟子。一天，这位弟子再次显现出焦虑不安的神情，大师便建议他去取一些盐来。弟子勉为其难地取回了盐，大师让他将盐溶解在水杯中品尝。之后，他又引导这个弟子带着盐前往一个宁静的湖边。

到达湖边后，大师让弟子将盐撒入湖水中。然后，他邀请弟子尝试喝一口湖水。弟子起初犹豫，但最终还是鼓起勇气喝了一口。喝完后，大师微笑着询问弟子的感受。弟子回答说："味道真的很清新。"大师进一步提问："现在，你还尝得到刚才的咸味吗？"弟子想了想，回答道："完全没有。"

当盐被置于狭小的水杯中时，它显得苦涩而难以忍受。然而，当同样的盐被撒入广阔的湖水中时，它便显得微不足道，湖水依然清甜宜人。这个简单的比喻，深刻地揭示了痛苦感受的本质——它并非固定不变，而是受到我们内心承受能力的巨大影响。

"心若宽广，万事皆小"，此言非虚。心境之广袤与狭窄，往往决定了我们面对世界的态度。心胸狭窄者，常为琐事所困，如杯水车薪，痛苦难抑；而心胸开阔者，则能容纳百川，处变不惊，如大海之广，波澜不惊。

史铁生曾在《我与地坛》中写道："苦难既然把我推到了悬崖的边缘，那么就让我在这里坐下来，顺便看看悬崖上的流岚雾霭，唱支歌给你听。"世间不如意事十之八九，心胸宽广的话，挫折就会被衬托得十分渺小。我们无法避开所有困难，但可以选择拓宽自己的心境，坦然面对风雨，不动如山。

　　有一位老太太有两个儿子，大儿子是卖盐的，二儿子是卖伞的。这两种生意都要看天气，天气晴朗时，就可以晒出很多盐；阴雨时，买伞的人就很多。两个儿子都不在意天气会"厚此薄彼"，但是老太太却很着急，一连几天为此吃不下去饭。

　　第二天，两个儿子做生意的时候便找客人们询问如何才能不让自己的母亲着急。有一个熟客一听就笑着说："这事好办，交给我了。"老大赶紧叫上老二将熟客带回家。

　　只听那熟客隔着门帘高声说："老太太，晴天你家老大盐卖得好，阴天你家老二伞卖得快，不管是晴是雨你家都生意兴隆，老太太你可真有福气。"不一会儿，老太太就从门帘后转出来，满脸笑容，热情地拉着熟客的手对他表示感谢。

　　心宽一分，路也就宽一分，你的内心什么样，世界自会变成什么样。失之东隅，收之桑榆，学着打破心灵的壁垒，扩充承载情绪的容器，拥有广阔天空的人，不会在意弹丸之地的痛苦。

　　那么该如何扩大心灵的容器呢？

　　1.多给自己一些正面的心理暗示，例如"这种小问题妨碍不到我""凡事发生必有利于我"，让情绪内核变得稳定起来，以不变应万变。

　　2.学会面对现实，接受生活的真相。知命者不怨天，当我们面对金钱、资源上的差距时，不要说"我不行"，而要说"我试试"，毕竟还有句话叫"光脚的不怕穿鞋的"。

　　3.训练自己不被突发状况影响。下雨天没法卖棉花糖，但可以卖伞。不小心把碗打碎了，不要责备自己粗心，而要想着"碎碎平安""旧的不去，新的不来"。

　　最近这句很火的话"妈妈，人生是旷野"，便表达了一种心态上的宽广与自由。现在的年轻人面对"内卷"的社会环境，已经从最初的"摆烂"心理进化到跟自己和解，而和解的原因在于内心的广度和深度与以往不可同日而语，日常的磕磕碰碰已经难以影响到他们的心态。他们相信自己有解决问题的能力，相信自己不会被痛苦禁锢。我们的勇气和坚韧会被时间消磨，但新生的部分永远闪闪发亮。

　　"坚苦今如此，前程岂渺茫"，允许痛苦发生，接受痛苦降临，内心承载情绪的容器变大了，即使将阴霾置于一角，其他地方也仍旧天朗气清，阳光和煦。

# 不攀比，梅须逊雪三分白，雪却输梅一段香

这世上繁华如云，每个人都有自己追求不到的美好。任何人的心目中，千万不能只有他人的繁华和风景，羡慕和效仿最远、最好的别人，不如演绎最真、最好的自己。

在心理学上有个术语叫"孔雀心理"，指的是一种争胜和攀比的心态。这种心态会让人内心浮躁、急于求成，唯恐落于人后。这种心态源于内心的不安感，拥有这种心态的人看着别人的成功与成就，自己的虚荣心随之开始膨胀，渴望得到同样的关注和尊重，于是开始和别人攀比。

适度的比较可以为自己带来动力，但过度攀比则会被负面情绪绑架，正所谓"人比人气死人"。这种行为既会给他人带来麻烦，也会让自己跌入低谷，陷入消极的自我否定，进而侵蚀我们的自信。

法国作家福楼拜的作品《包法利夫人》中，受过贵族化教育的农家女爱玛，婚后不满于自己的丈夫查理过于平庸，时时悔恨结婚。

查理医治好侯爵的口疮，侯爵为表答谢邀请查理夫妇到自己的意大利风庄园中做客。爱玛对高雅的客人和珠光宝气的场面感到入迷，她从此不再甘于平凡地生活，变得懒散任性。为

了能比肩上流人士，拥有传奇式的爱情，她渐渐成为高利贷者盘剥的对象，最终在债款的逼迫之下吞食砒霜自尽，而她的丈夫查理则不得不变卖全部家当用以偿清债务。

攀比之心如同流沙，一脚踏错就会不断下沉，当我们深陷其中时很难再往上走，然后导致心理失衡，影响正常的工作和生活。

在中小学生中风靡起来的"烟卡"也是如此，从最初单纯的娱乐玩具演变为中小学生攀比的工具，每个人都想拿出更贵的烟盒在同伴中间炫耀，甚至发生了一名12岁男孩偷拿家里上万元去购买烟卡的事件，值得令人深思。

攀比是快乐的小偷，也是一条永无止境的不归路，比下去一个还有下一个，总是让人不满足。每个人拥有的东西都不同，用自己的短处去攀比别人的长处，太看重别人而失去自我，是很难走好人生之路的。

有人说："我们曾如此渴望命运的波澜，到最后才发现，人生最曼妙的风景，竟是内心的淡定与从容。我们曾如此渴望外界的认可，到最后才知道，世界是自己的，与他人毫无关系。"谁的人生都不是完美的，我们要善于接纳自己、超越自己，与其仰望别人，不如反躬自省，将有限的精力放在自我提升上，虽然渴望最佳，但也接受遗憾。

亚伯拉罕·林肯出生于一个贫困潦倒的家庭。小时候，别的孩子在学校接受教育，他只能在家里搬柴、提水、干农活儿，还为生计当过工人，做过木匠。9岁时，林肯的母亲不幸离世，不久后父亲再婚。

年幼的林肯并没有抱怨生活，也没有眼红其他孩子而向父亲索要精致的玩具和华美的衣服。他自强不息，在艰苦地劳作之余，到处借阅书籍、报刊阅读，在平整的墙面上书写，以此慢慢积累了大量知识。他还通读了莎士比亚的全部著作，并自学了几何。

命运给予每个人的苹果都被咬过一口，只是位置不同罢了。生活中有所成就的人不会一味地与他人攀比，因为这会将自己束缚住，他们更多的是数着自己的脚印往前走，多走一步便是成功。

正如海明威所讲："真正的高贵不是优于他人，而是优于自己。"自尊来自成长，而非攀比。在前进的道路上，每个人的人生都是独特的，想让生活更加符合自己的期待，就要避免走入攀比的怪圈。那么为此我们可以做些什么呢？

1. 设立清晰的目标。把力气用对地方，不要管别人的进度和成绩，只盯紧我们自己的工作，并心无旁骛地为之努力。无论目标大小，只要达成了，就是一次精彩的成功。

2. 摆脱从众心理。要对自己的实力有清晰的认知，不要别人做什么自己也跟着做，否则可能会画虎不成反类犬。正视自己，正视得失，放平心态，有时我们恰恰需要一些"众人皆醉我独醒"的智慧。

3. 欣赏所得，知足常乐。不站在别人的影子里，自然不会患得患失。"他强任他强，清风拂山冈"，我们只要足够冷静，培养对自己的信心，很多问题便能迎刃而解。

人的价值不是在攀比中体现的，这世上总有我们到达不了的山顶，登山的过程才是最重要的。比起在攀比中费力劳神，不如摆正想法，在自己的轨道上稳步前进，厚积薄发。

# 得饶人处且饶人，是美德，更是智慧

但行好事须行好，得饶人处且饶人。不把事情做绝，不仅是给别人留有余地，也是给自己留下余地，更显示了自己的宽容大度。

在与人交往的过程中，不可避免地会发生些摩擦和误会，往严重层面说甚至会结仇。有些人无法容忍自己受到伤害和委屈，会变得咄咄逼人，秉着"有仇必报"的观念说尽尖酸刻薄的话语，可谓得理不饶人。

俗话说得好，"得饶人处且饶人"，我们的目标是解决矛盾而不是激化矛盾，如果将人逼到绝路，不留一点余地，可能会导致对方怒气上头，直接拼个鱼死网破。到时候往往两败俱伤，自己不但讨不到好，还会遭受进一步的损失，这样绝对算不上胜利。

二战的时候，一支部队在森林里和敌军相遇，发生激战，有两名战士因此和大部队失去了联系。这两名战士恰巧来自同一个小镇。

两个人在森林中艰难跋涉，互相鼓励、安慰。10多天过去了，他们仍未和部队联系上。还算幸运的是，他们打到了一头鹿，依靠鹿肉他们可以再撑几天。但是由于战争，接下来的几天他们没有在森林发现任何可以捕食的动物。

这一天，他们又遭遇了敌人。经过一场激战，他们巧妙地避开了敌人。就在他们以为安全的时候，突然一声枪响，走在前面的战士中了一枪，所幸是在肩膀上。后面的战友惶恐地跑了过来，紧张得语无伦次，扯破身上的衣服给对方包扎伤口。那天晚上，未受伤的年轻战士一直念叨着他的母亲，两眼无神。

第二天，他们两个被部队找到，得救了。事隔30年，在年轻战士的葬礼上，那位受伤的战士才向人说出当时发生的事："我知道是谁开了那一枪，就是我的战友。但是当天晚上我就原谅他了，他只不过想要活下来，见到他的母亲。此后30年，我一直装作不知情。但是战争太残酷了，他终究没有见到他的母亲。我和他一起祭奠她老人家的时候，他跪下来求我原谅，我没有让他说下去。我们又做了20多年的好朋友。"

现如今人人的生活压力都不小，有时你并不知道正在与你发生矛盾的人精神是否已经处于崩溃的边缘，有可能对方是很不友善的类型，就像随时会引爆的地雷，一旦炸开，伤害难以估量。

《礼记·祭义》中说："恶言不出于口，忿言不反于身。"我们不口出恶言，别人的怨怼便不会返到我们身上来；相反，若一味地强硬相待，不留情面，那么事态就会越来越严重，得不偿失。

忍一时风平浪静，退一步海阔天空，做人留一线，日后好相见，人情世故反复无常，为人处世也是门艺术。很多人想让自己看上去"不好惹"，以此作为一种自我保护的手段，但其实给人留些余地，对他人是善，对自己也是善，不仅可以用柔和的手段规避矛盾，日后有事需要对方帮忙时，也好说得上话。

拿破仑在滑铁卢一战中落败，随后与妻子被流放到位于地中海的圣赫勒拿岛。

一天清晨，拿破仑和妻子来到海边散步，看到一群水手正在将货物从货船上卸下来。水手搬着沉甸甸的重货朝二人喊道："没看到我们在卸货吗？让开！"拿破仑躲避不及，被重重地撞了一下。妻子非常恼怒，没有考虑便傲慢地脱口而出："没长眼的东西！你知道撞到的是谁吗？是法兰西的皇帝！该当何罪？"

水手听完无动于衷，瞥了她一眼继续干活儿。此时站在一旁的拿破仑拦住妻子，说道："这些水手干活儿很辛苦，不要这样说他们，况且我也没有被撞得很痛。"说完，又派出随行的仆从帮助水手搬货。

几年后，拿破仑计划暗中离岛返回法国，而帮助他重整旗鼓的，就是这些圣赫勒拿岛的水手们。

一个人成就的高低取决于他气度的大小，只要不是触及原则的大事，那么让人三分又何妨？《菜根谭》中写道："径路狭窄，留一步与人行；滋味浓时，减三分让人尝。"迎面行走在窄路上的两个人，如果互不相让，那么谁也过不去。将其带入我们的生活中思考，通常有人后退一步，便会大事化小，小事化了。

人非圣贤，孰能无过？别人会犯错，我们自己也不会永远都正确。当自己造成失误拖累他人时，如果对方能不计较，一笑带过，此时我们会怎么想？"他真是个好人啊，我要和他成为朋友。"日后相处时想必也是其乐融融。相反，如果对方揪住你的错处大加批评，让全世界都知道你做错了事，此时就算你知道自己有错，心里也难免会因为难堪而产生怨怼。这根刺扎在这儿，日后相处时赌气怕是会变成家常便饭。

过头饭不可吃，过头话不可讲。戴尔·卡耐基曾说："你可能赢得了辩论，却失去了人缘。"当你在争辩中摇晃胜利的旗帜，觉得自己赢了的时候，你实际也是在走向失败。

给他人让路，也是给自己行方便，得饶人处且饶人，学会换位思考。当每个人都心存宽容时，生活便会变成康庄大道，光明灿烂。

# 不偏执，才能看到更多可能

*"海纳百川，有容乃大"，斤斤计较只会给自己和身边的人带去无尽的痛苦，原谅他人就是原谅自己的狭隘，彰显自己的旷达，忘记曾经的不快。一切的恨，都释怀吧。*

两个互相指责的人，话语戛然而止，看似风平浪静了，实则横亘在两人中间的裂缝并没有弥合。只有原谅才是最佳解法，不是为了别人，而是为了自己。

"原谅"的英文写作"forgive"，其中的"give"是指向自己。我们的原谅并不只是在宽恕他人，更是放过自己。

有些人觉得如果一直对对方紧抓不放，表达自己的愤怒，就是在惩罚对方，但对方真的会感同身受吗？如若对方觉得这件事做得不好，心有愧疚，会选择道歉，但假如对方压根儿不认为自己有错，那么你过度的怨恕则是在惩罚自己。每天都在气恼和痛苦中煎熬，会错失多少美好的时刻？

*小罗伯特·唐尼饰演的电影《法官老爹》，前半部分讲述了律师汉克与父亲之间严重的情感隔阂，他们一直保持着针锋相对的对立状态。父亲怪罪他毁了大哥的人生，而汉克又正值叛逆期，对父亲的意见只有一种选择：违背。*

两人的恩怨变得不可调解，直至母亲去世，父子二人也未见一面。其实父亲一直以自己的儿子为傲，却因横插在中间的矛盾表现得十分冷漠；汉克想得到父亲的理解，却因无所适从不愿主动开口。两人之间一直持续着疏离的状态。

既然问题已经产生，再耿耿于怀也无法改变现状，一味地纠结只会将我们困在过去，止步不前。

矛盾就像两头尖锐的梭子，对准正在争执的两个人，而不同的选择会产生不同的结果。如果双方不依不饶地厮打在一起，那么就可能刺得两个人全都伤痕累累；如果双方选择原谅，相互理解，那么这个梭子便会平稳落地，矛盾迎刃而解。

纳尔逊·曼德拉在任职南非总统前曾在罗本岛的监狱内服刑 27 年。在那里，他受到了非人的待遇。重获自由后曼德拉在大选中成为总统，在就职典礼上，他以个人名义邀请了当年迫害过他的三名狱警来到现场，表示自己年轻时脾气急躁，漫长的牢狱折磨反而磨炼了他的意志与心性。

介绍完毕，曼德拉甚至缓缓起身致意。三名狱警当场泪如雨下，对曼德拉的胸襟肃然起敬。

身体的伤害已成定局，如若继续怨恨，那么心灵也难以得到解放，"自己若不能把悲伤与怨恨留在身后，那么我其实仍在狱中"。很多事情越计较越麻烦，当我们怨恨别人时，内心是挣扎的，所以不要深陷其中，请放过自己。

原谅，是对自己的救赎，它无关乎对方是怎样的人。学会原谅，我们便能将自己从牢笼中释放，将积压的负面情绪消解掉，更好地继续自己的旅程，阳光正好，海阔天空。

那么，我们该如何学会原谅，让心灵得到释放呢？

1. 安抚好自己的情绪。去理解人性，接受"人都会犯错"这一点。原谅并不是香甜的糖果，起初你可能觉得难以下咽，责备之心难以平息，但要尝试理解每个人都有不完美之处。我们对他人的原谅，将来可能也会转变成在我们犯错时他人对我们的原谅。学会换位思考，事半功倍。

2. 用合理的方式把火发出来。选择原谅并不代表怒火会凭空消失，一味地压抑会对身体和精神造成进一步伤害，所以我们要找个适合自己的宣泄方式。比如到山顶或空旷的野外大声呐喊，捶打枕头或沙袋，选择自己喜欢的运动，等等，这些行为会促进内啡肽分泌，对减少愤怒起到积极作用。但最重要的是，一定要保护好自己。

3. 找信任的好朋友谈心。这可以说是最直接的方式，两人分担，痛苦减半，诉说出自己的苦闷和想法，通过倾诉来减轻压力，同时可以听听朋友的观点和建议，从不同的角度认识和解决问题。

日常生活中，烦恼处处有，小磕小碰再常见不过，如果每次都揪住不放，那真是会没完没了。与其在苦闷的事上消耗情绪，不如选择原谅，既能化解自己的焦虑，又能感化他人，构建一道友谊的桥梁。

有人说，"道歉不是为了改变过去，而是为了改变未来"。当你选择原谅，那么自己的灵魂便挣脱了桎梏；当你接受对方的道歉，那么扔向对方的炸弹就会变成和平鸽。

咄咄逼人，矛盾一直无止无休；心宽度日，生活自然随之开朗。

# 第十章

# 温柔劝解，放过不完美的自己

## 缘深多聚聚，缘浅随它去

缘不可求，缘如风，风不定。云聚是缘，云散也是缘。世间万物皆因缘而生，缘聚则物在，缘散则物灭。长河流岁千秋过，笑问世间谁常客。说到底，缘分不过就是：深就多聚聚，浅就随它去。

缘分，妙不可言。它就像一颗掉在沙发上的纽扣，当你努力想要去找它的时候却怎么也找不到，而当你开始慢慢忘掉了，它却又会出现在你的面前。而这种感觉，我想就是"众里寻他千百度，蓦然回首，那人却在，灯火阑珊处"。

小蝶和她的男朋友偶然间翻到了小时候的相册。小蝶看到一张自己穿着浅绿色的小裙子，在香山脚下扶着栏杆的照片。她指着自己旁边的那个小男孩对自己男朋友说，那时他们报的一个旅游团，但是这个小男孩太烦人了，哭了一路。

男朋友仔细辨认后却说："这好像是我小时候。"

小蝶："这么巧吗？我记得那时候我还和你在一张桌子上吃早点，整整三天都是一张桌子。"

男朋友："看来我们的缘分这么早就开始了，当初的那个小哭包注定要和嫌弃自己的大姐大在一起吃早饭。"

彼此之间的关系便是缘。但一段关系令你感到劳心费神，难以维系，就说明你与对方的磁场不太匹配，那大概就是缘分较浅。他们的出现是促进你成长的小插曲，不必过于在意他们的去留。而那些令你感觉温暖安心的人，想必是与你缘分颇深，无论是否能从始至终陪在你的身边，都请怀着幸福的心感谢这段相遇。

缘分深的，不需要你做什么就能出现交集；而缘分浅的，即使你再费尽心思抓住不放，也会像水一样从指缝间流走。有时我们无须对一段关系的去留抱持太深的执念，投缘就多在一起相处，不投缘就找准机会说再见。

在电影《着魔》中，丈夫马克因工作与妻子安娜聚少离多，妻子对生活万分失望，与丈夫几度争吵均不欢而散。马克发觉安娜变得有些不太正常，反思了自己的过错后，辞职回家想与妻子重归于好。但无论他如何努力也无法再度挽回妻子的心，生活并没有变得比之前更好。两人不停地纠缠，各自痛苦，最终在不断累积的错误中双双殒命。

如果两人的纽带是命中注定的，那么再多的阻碍也无法割断其中的联系。我们不用对未来产生迷茫和担忧，顾虑日后是否会离别。剧情结束了，还可以重新开始，我们可以再用新的身份扮演新的角色，生活会一直继续。

如果发觉很多事情已无法挽回，便不要一错再错，尽早切断不幸的根源才是正确选择。生活是一场修行，成长伴随着疼痛，有时我们要学会放手，不强求，不固执。失去可能并不是件坏事，遮在眼前的浓雾消失了，才能更加清晰地看清远方美好的景色。

保持一颗得失随缘的心，以平和的心态面对生活，不需要为了和谁相遇而挖空心思，也不要为了谁的离去而悲伤痛哭，缘分早已把这些都安排妥当。我们无法选择所遇之人，那便珍惜每一段相遇；我们无法阻拦悄无声息的失去，那便安然接受。习惯人心忽冷忽热，习惯与人形同陌路，强行挽留只会让自己备尝苦楚，不见得能出现什么好效果。

人的一生太有限了，没有多余的时间来纠结或亲密或疏离的交往。《流金岁月》中戴茜有这样一段台词："你一辈子遇到的、欣赏的、谈得来的、喜欢的，那么多人，不是每一个都可以在一起谈恋爱做夫妻的。有的做了朋友，有的做了同事，有的过很多年才能见一面。因缘不一样，关系就不一样，享受就好了。"我们都是世间的过客，终究要归于尘埃，既为过客，那便不必执着，感恩遇见，理解分别，万事随缘，享受其中的过程便足矣。

无论情感如何变幻，相遇本身便是一种天赐的缘分。即便结局并不如愿，也无须自责过深，因为在相伴的旅程中，总有些许欢乐曾陪伴左右。在感情的旋涡里，对错并不重要，重要的是那份相互的理解与懂得，这便是生命中最珍贵的礼物。

人要活在缘分里，不要被禁锢在关系中。让所有事都顺其自然，事不强求，人不强留，缘深多聚聚，缘浅随它去。

# 允许自己做自己，允许别人做别人

> 每个人的性格里，都有些无法让人接受的部分，再美好的人也一样。所以，不要苛求别人，不要埋怨自己。玫瑰有刺，才会是玫瑰。

即使是和关系再铁的人，也要分清彼此，不可越界，因为一味地强求会造成对方和自己都很痛苦。

电视剧《小欢喜》中，宋倩作为单亲妈妈，本着"严师出高徒"的信条对女儿乔英子有着极强的控制欲，从学习到生活的方方面面都要按照她的要求来。乔英子学习成绩很好，梦想做宇航员，想考南大的天文系。可是宋倩并不同意，她要求女儿考取清华北大这样的名校。乔英子某次考试得了第二名，宋倩擅自翻起女儿的书包，并要求其做反思总结。

宋倩的强势态度和高压政策将女儿逼得喘不过气，二人的隔阂越来越深。这种"镇压"导致乔英子不仅成绩下降，还患上了抑郁症，走上了自杀的道路。

苛求他人等于孤立自己，人不是泥俑而是独立的个体，怎么能用同一套标准衡量呢？《中庸》中写道："正己而不求于人，则无怨。上不怨天，下不尤人。"意思是"端正自己而不苛求别人，这样就不会有什么抱怨的了。上不抱怨天，下不抱怨人"。活得通透些，心放宽了，人也就轻松了。

对他人是这样，对自己也是如此。对自身标准高些做事会更有动力，但如果发展到苛求自己事事必须完美，则会适得其反。与其将自己绑在衡量高低长短的尺子上，不如学会和自己和解，接纳自己的不足。

困住自己的永远都是自己，事事要求完美，甚至连机器人都做不到。每个人出生时，背后都有一颗闪闪发光的星星，但也正因为在背后，所以我们只能看到他人的闪光点而忽视自己的，这时便需要一面由理性所制作的镜子，让我们欣赏独一无二的自己。

"勿在别人心中修行自己，勿在自己心中强求别人。"很多时候我们的烦恼都来自"既要又要还要"，既想让天空永远晴朗，又想让地壳永远稳定，执念万千，结果反而成了中间的囚徒。

《茶之书》中，千利休要儿子打扫庭院，儿子将所有摆设都擦洗得干干净净。地面上没有半枝半叶，连苔藓都清新不少。然而千利休却不满意，他用力摇晃大树，摇落了一些金黄的树叶，并说打扫庭院不只要洁净，还要保持自然之美。

万物皆有裂缝，那是光照进来的地方。我们能够给予内心的东西比包装外在的要多得多，让精神充盈，让心态平和，学会获取，也学会放手。

在充满无限追求和标准的生活中，不如把心放宽，让一切都顺其自然，细水长流。

# 别太较真，尊重他人才会顺利

爱笑的人运气都不会太差，努力的人结局也不会太糟糕。有时候如果过度追求结果，可能反而会适得其反，所以不如莫问前程几许，只顾风雨兼程。

在成长的各个阶段，我们都在面对不同的挑战。有些人遇到不容易解决的困难就耿耿于怀，暗叹自己时运不济，但又无法逃避，只好边苦恼边处理，心里还要担心假如失败后要面对怎样的一地狼藉。

在如今这种全民"内卷"的氛围下，失败好像变得不被允许，每个人都想要更快地证明自己，追求成功，但过程却十分潦草，收效甚微，结果不知不觉间陷入了焦虑。

竭尽所能后不强求结果，这是一种智慧。急于求成的人大多最终一无所获，兜兜转转发现还是在原地踏步。其实，谋事在人，成事在天，努力不等于百分之百收获成功，我们要做的只是尽心尽力，不让自己后悔，剩下的顺其自然便好。

史铁生曾写道："人与生俱来的局限，是能力与愿望之间永恒的距离，生命的目的就是不断跨越困境的过程。"天气晴雨变换，生活也起起落落，我们无法让所有结果都符合期望，那么就把该做的做了，把该播的种子都撒下，然后保持一颗平常心，其余的就交给命运来安排。

有一年冬天，猎人带着猎狗去打猎。他一枪击中了兔子的后腿，受伤的兔子拼命地逃跑。猎人追之不及，就放开猎狗去搜寻，猎狗对着兔子穷追不舍。可是追了一阵子，兔子越跑越远，猎狗知道实在追不上，只好悻悻地回到了猎人那里。猎人气急败坏地骂道："你这只没用的狗，连一只受伤的兔子都追不上！"猎狗听到后很不服气地辩解道："我已经尽力了啊。"

兔子带着枪伤疲惫地逃回家中，兄弟们都围上来，惊讶地问它："那只猎狗跑得那么快，又那么凶，你是怎么从它齿下逃生的啊？况且你又受了伤。"

兔子说："是啊，它是用尽全力来追我了，但是我也用尽全力逃跑了。它没追到我也就挨顿骂，而我被追上可就成了别人的盘中餐了。"

尽人事听天命，事情的发展是潜移默化的，将努力的步伐、积累的知识叠加在一起，发挥出最大效果，不计较结果成败，只求无愧于心，当万事都具备时，还怕东风久久不来吗？

有句话我们经常听到，"你只管努力，剩下的交给天意"。个体太过渺小，所以人生中大部分事情是我们难以预测也决定不了的。我们要做的就是接受命运的安排，看清自己的能力，朝着未来努力前行，尽力而为。

星光不负赶路人，当你筑牢筑稳脚下的阶梯时，无论是否翻越了围墙，阶梯永远都是你的，即便一时没有获得理想的果实，但这个过程所带给你的感触及经验是独一无二的，没有什么能代替。这种良性循环会让你自己变得更加优秀。

# 当你不再寻找认可时，认可自会循光而来

　　不要为了寻求别人的认可，得到别人的夸赞，导致自己一直沿着别人的路行走，无法找到自己的那条路。渴望得到别人的认可并不是件坏事，但过度渴望也不是一件好事。

　　我们有时会希望得到别人的认可和赞许，以确认自己的价值。然而，这种寻求认可的欲望可能会限制我们的自由。一旦我们开始寻求外部的认可，就会失去自我决定的力量，变得容易被他人的观点和期望所左右。

　　寻求认可的行为，其实是一种对外界反应的过度关注。倘若我们一味地沉溺于这种过度关注之中，便容易屏蔽内心深处的低语，忽略自我本真的渴望与价值取向。这样，我们便会丧失自我主宰的力量，沦为他人观念的囚徒。

　　只有当我们停止从自身之外寻求肯定，并且开始建立自己的标准和价值观，我们才能成为自己的主人。当我们建立了自我价值，我们就会更加自信和独立。我们能够接受自己的缺点和错误，因为我们知道这并不代表我们整个人格的缺陷。他人的否定和批评不会轻易动摇我们的自信，因为我们知道自己的价值不是由他人的评价决定的。

　　从前有个年轻人，他总是觉得自己被看轻了。有一天，他

遇到了一位智者，希望能从智者那里得到一些帮助。智者让他帮忙卖戒指，要求不低于一个金币。

年轻人到集市上推销，却无人愿买，最高出价仅一个银币加一个铜缸。他失望而归，并将情况告诉了智者。智者说："我们需要先弄清这枚戒指的真实价值，去找个珠宝商吧。告诉他你打算卖掉这枚戒指，问问他能开多少价。但无论他说什么，都别卖给他。"

珠宝商仔细检查后，表示愿出五十八个金币，若稍等或能得七十金币。年轻人震惊地返回，告知智者。

智者告诉他："你就像那枚戒指，独一无二，但前提是，只有真正的专家才能评定你的价值。所以，你干吗还东奔西跑，认为没人能认清你的真正价值？"

不要依赖他人的认可来定义自己的价值。每个人都有自己的独特之处，而这些独特之处往往不是每个人都能轻易看懂的。我们应该学会自信地面对自己，相信自己的价值。

上山的路不是只有一条路，我们可以选择走台阶上去，但也可以选择坐缆车，更可以在山背面自己攀上去。我们可以走简单的路线，也可以选择复杂的路线。这都是我们的选择，不是别人让我们怎么走，就该怎么走的。

愿你始终忆起回到自己的心，那里，不缺认可与爱，因为它原本俱足。

## 第十一章

# 平常心，穿衣吃饭即是道

### 生活越是素简，内心越是绚烂丰盈

老子曾说："万物之始，大道至简，衍化至繁。"人生之旅，若要达至极致之境，必定是素简的修行。素简，并非孤寂冷清，而是内心之宁静与纯粹。越是生活得简单，越能聆听内心深处最真挚的回响。

凡心所向，素履所往，生如逆旅，一苇以航。追求简约的生活，能够提升我们的专注力，磨砺我们的感知敏锐度。当一个人能够在纷繁复杂的世界中洞察到生命的本质时，这种深刻的领悟与理解便是简约的真谛。

生活的层次越高，我们越能够体会到简约之美。简约不是贫乏，而是一种高层次的丰富与宁静。

1956 年，我国著名美学家李泽厚在《哲学研究》上发表了一系列文章，收到的稿费为 1000 元。这对于当时月工资只有 60 元的李泽厚来说，已经是一笔非常可观的收入了。

虽然经济宽裕了，但李泽厚的衣食住行依然简朴。有人劝他添置一件名牌衬衫，李泽厚拒绝了，说"名牌穿在身上是负担"。他专心致力于美学研究，写出了《美的历程》《中国现代思想史论》等著作，促进了我国美学事业的发展。

当我们全身心投入一件事时，自己才会感到真正的心安。这种心安来自高尚的情怀，更来自我们朴素的生活本身。真正优秀的人，必定都在享受日复一日的极简生活。

幸福始于简单，痛苦源于复杂。想要过得快乐，不是去给生命画蛇添足，而是删繁就简。

一个人，只要满足了基本生活所需，不再戚戚于声名，不再汲汲于富贵，便可以更从容、更充实地享受人生。一个人，放下得越多，越富有。

1845年，梭罗向《小妇人》的作者奥尔科特借了一把斧子，只身一人走进荒无人烟的瓦尔登湖边的山林中，自己建造了一座小木屋，并在里面住了两年多。在那里，梭罗写下了很多有名的著作。

他曾经写下这样一段话："我们每一天努力忙碌、用力生活，却总在不知不觉间遗失了什么。面对不断膨胀的物欲，我们需要的是一颗能静下来的心。多余的财富只能够购买多余的东西，人的灵魂必需的东西，是不需要花钱购买的。"

绚烂生活的来源并非外在的物质繁华和表面的光彩，而是来自内心的充实和活力。简单的生活可以让我们更加关注自己真正的内心需求，追寻内心的声音和愿望。当我们真正了解自己并为自己而活时，我们的生活将变得丰富多彩，内心也会充满绚丽的色彩。

# 柴米油盐里的烟火气，最抚凡人心

"四方食事，不过一碗人间烟火"，人都喜欢热闹，清晨路边摆着的烧饼摊，中午热气腾腾的炒菜店，傍晚随风飘来的香瓜甜丝丝的味道……这些存在令人感到放松。在有烟火气的地方，日子过得再难，一个人也会拾起对生活的热忱。

烟火气是繁华都市中一抹质朴的美好。如今生活节奏越发加快，人们疲于奔命，那些柴米油盐既是我们开展新一天的动力源泉，也是让我们停下步伐歇口气的补给站。街头巷尾的嘈杂喧闹使人与人之间的关系不再冰冷，华灯初上时，一天的疲惫都能在汤饭中得到缓解。

央视纪录片《风味人间》中说道："三餐茶饭，四季衣裳，共同造就了一个叫家的地方。人因食物而聚，人不散，家就在，烟火人间，风味长存。"房顶上的烟囱是我们难以忘怀的儿时记忆，炊烟袅袅时，便知道该归家了。一家人围在桌边有说有笑，一切都幸福又美好。

只是光阴似箭，岁月如梭，渐渐地，我们已不再是当初的孩子。我们离家读书深造，初步踏入社会，在陌生的城市，面对人情冷暖感到无所适从，被从未受过的委屈吓到，不得不硬着头皮独自解决所有琐事，对生活感到万分疲惫，对家感到无尽思念。

当心情五味杂陈时，食物就是最好的调和剂。我们在心中筑起壁垒抵挡世界的凉薄时，也别忘记留出一块地界来享受烟火气的温暖。充满生活气息的地方可以消磨心灵的孤独感，让我们重新体会到家的感觉。放空自己，时间好像也不显得那么难挨了。

有一位博主孤身在外漂泊多年，每天工作两点一线，就算挣了钱也不舍得花，想存下来买房。她朋友圈里的同龄人虽然挣得比她少，但经常能聚在一起，看看电影，吃吃火锅，"晒"出的照片令她羡慕不已。

博主今年的生日也是自己过的，她提着小小的蛋糕找了一家餐馆，坐定后，想起从前在家时，每次过生日爸妈都会做好一桌丰盛的饭菜，热热闹闹的，如今却只能自己冷清地吃蛋糕。正想着时，她突然发现老板端着一碗面和一盘烤串走过来，笑着放到桌上，说："小姑娘，我看你好像在过生日，这些就当是送你的，祝你生日快乐啊！"

简单的一句话和再朴素不过的吃食，却让博主泪流满面。这种充满烟火气的善意，令她非常感动。她的心情由阴转晴，生活好像也充满了动力。

我们当然渴望生活永远美好，但艰辛总是难免的，所以在狂风暴雨中时，我们要做的就是吃饱喝足，保持身体健康、心情愉悦，这样对生活的期待和冲劲也能一点点地再积累回来。

人人都是自己的生活的艺术家，都在风雨中努力打造属于自己的乐园，其中不可或缺的便是烟火气。"山中何事？松花酿酒，春水煎茶。"生活有时无须绮丽的包装、繁复的步骤，只要简简单单的，保持它特有的松弛感，就是最佳状态。

所谓烟火人间，不仅是吃食，也是一种生活态度。我们曾憧憬诗与远方，希望脱离人与人之间纷扰繁杂的关系，认为孤独才是生命的常态，沉寂才是生命的本质。然而当我们向这些目标靠拢时，会觉察到不曾预料的痛苦，因为人并非一座孤岛，我们终归需要为心灵增添一丝温度才好不断前行。

在电影《岛上书店》中，主角费克里经营着一家书店，他脾气古怪执拗，很少与人来往。在经历失窃的变故后，他的人生直接陷入僵局，内心更加避世。直到捡到女婴玛雅，他的心开始融化，接受起邻居的帮助，并尝试与身边的年轻母亲讨论育儿经验。在这些人情味和烟火气的帮助下，费克里的孤独感逐渐被化解，他开始接触外面的世界。

烟火气令我们发觉幸福并非远在千里之外，而是就在身边。汪曾祺曾写道："人生如寄，莫负茶、汤和好天气。"支撑我们不断向前的，正是生活中这些平凡的瞬间。我们有时会抱怨日子过得一板一眼像复制粘贴似的，但幸福是无数个生活碎片的总和，过程缓慢却影响深远，它会潜移默化地为我们积蓄能量。

如果你觉得生活不顺心，就去菜市场逛逛吧，看看世间百态，感受平凡人的春夏秋冬。无论光彩还是平庸，人们总是边笑着边互相寒暄。在这熙熙攘攘的市井中，柴米油盐里的烟火气，最抚人心。

# 经得起风雨，也要耐得住平淡

我知道路途漫漫，风雨与平淡都在来的路上。我不想一味地追求价值，只求风雨平淡皆落尘埃，没有奢望，顺其自然，尽其本步而游于自得之场。

生活是一场变幻莫测的旅程，不知何时便突然风起云涌，暴雨如注。活着本身是件很随机的事，谁也无法预测接下来要面对什么。在这个过程里，大多数东西都无法以我们的意志为转移。比起气恼命运的善变，我们不如安然承受风雨的洗刷，坦然面对困境。

史铁生 18 岁时在上山下乡运动中自愿申请到延安农村插队，在条件艰苦的黄土高原努力劳作建设。然而没几年，史铁生双腿瘫痪，21 岁起便因病痛与轮椅为伴，他还患上肾病并发展为尿毒症。

史铁生无法接受自己变成了需要别人照顾才能活下去的"废人"，他开始自暴自弃，时常愤怒地打砸东西，冲家里人发火。

后来，母亲的去世让他意识到自己的行为是多么不好，于是他拿起笔，将自己的所有感触都通过文字记录下来。他不再逃避而是勇于面对，不再纠结于自己的身体，而是将灵魂推向更深的层次。他在中国文坛上，为"生与死"这个恢宏而永恒的话题留下浓墨重彩的一笔。

有些人被吹倒一次就心灰意冷，迷茫彷徨，不知未来该如何是好，结果当下一次风雨来袭时，因为缺少准备，摔倒在同一个地方，随后逐渐陷入恶性循环，精神和意志都变得软弱起来。

当风停雨歇后，一切回归原位，我们的心也要回归日常。此时，我们要重整行囊，着力于眼下新的任务。

生活终归是由大部分平淡无奇的日子构筑起来的，我们的一生，有几十年都是在做着循环往复的事。我们不必给幸福设置太高的标准，非要存款达到某个数字或者非要买好几套房子、好几辆车。平淡的作用是给人带来轻松和内心的安宁，让我们在物欲横流的世界中保留一份心灵的净土。人变得从容了，幸福的触感也就明显了。

平淡并不意味着无所作为，而是万事顺其自然，坐看花开花落、云卷云舒。相似的日子里总会出现不同的细节，就像游戏中的彩蛋一样突然带给我们惊喜。平淡的生活并不无趣，只要我们用心感受。

风雨和平淡相辅相成，我们在困境中磨炼意志来筑稳平淡的日常，在日常生活中积累幸福来抵御随时出现的困境。人生没有剧本可供提前查看，生活的剧情走向也没有标准答案，面对一切，保持平常心即可。

岁月不声不响，生活不快不慢，你且不忧不忙，要耐得起风雨，也要耐得住平淡，在四季八节中徜徉，来日方长。

# 当你不再摇晃时，世界自为你欣喜

不以物喜，不以己悲，遇事冷静沉着，不要暴怒激愤，也不要欣喜张扬。只有把心静下来，才能看清世事的逻辑，才能在平静中积蓄力量，找到正确的努力的方向。

"心静则明，心烦则蒙。"心静是一个人的上等能量，只有那些能把心静下来的人，才能看透这个世界的逻辑。做人应该在平静中积蓄力量，以从容之姿遇见人生的美好。

一个年轻人在河边钓鱼，坐在他旁边的一个老人也在钓鱼。一段时间过去了，年轻人奇怪地发现，老人不时地就能钓到一条银光闪闪的鱼，可是年轻人的浮标却没动静。

年轻人迷惑不解地问老人："我们钓鱼的地点一样，您也没用什么特别的诱饵，为什么我一无所获呢？"

老人说："因为我钓鱼的时候，常常达到一种浑然忘我的地步，我只是静静地守候，不像你会时不时地动动鱼竿，叹息一两声。我这边的鱼根本就感觉不到我的存在，所以，它们会咬我的鱼饵。而你的举动和心态只会把鱼吓走，当然就钓不到鱼了。"

鲁迅先生曾说："庸鄙之人先从内心开始，勤倦之人先从内心开始，伟大之人也是从内心开始。"只有内心宁静，才能够真正爱自己，接纳自己。无论生活带来甜蜜还是苦涩，人生的滋味是咸还是淡，我们都需要保持一颗平静从容的心态，这样才能够面对那些纷扰和诱惑而不迷失。

生活中的点滴琐碎，皆是修行路上的细石。唯有当心灵归于宁静之境，我们才能够享受生活的美好。沉浸于这份宁静，让睡眠变得深沉，让每一餐都成为味蕾的盛宴，让阅读成为灵魂的滋养，让修心成为日常的修行，如此，方能拥抱那绚烂多彩的美好生活。保持内心的平和与宁静，生活的每一隅皆能显现出禅意的深远。

当我们内心平静时，我们与周围的人和事物也会变得更加和谐。秉性安静的人，会因为他的自制而知道如何配合别人，而别人相对地也会敬重他的风范，会对他产生依赖的感觉，并且想要学习他。一个人的心愈是静，他的成就、影响力愈大，力量也愈持久。

自制、自治与自清能让我们获得平静。如果自身的琐碎好恶、任性、怀疑、妒忌、愤怒，以及种种善变的情绪能够被克服，那么获得幸福与成功就会变得容易许多。